"十三五"国家重点研发计划（2016YFC0700200）

国家自然科学基金（51778438）

夏热冬冷地区城镇居住建筑绿色设计技术导则

孙彤宇　贺　永　著

中国建筑工业出版社

图书在版编目（CIP）数据

夏热冬冷地区城镇居住建筑绿色设计技术导则 / 孙彤宇，贺永著 . —北京：中国建筑工业出版社，2021.9
ISBN 978-7-112-26425-4

Ⅰ . ①夏… Ⅱ . ①孙…②贺… Ⅲ . ①居住建筑 — 生态建筑 — 建筑设计 Ⅳ . ① TU241

中国版本图书馆CIP数据核字（2021）第150813号

责任编辑：滕云飞
责任校对：芦欣甜

夏热冬冷地区城镇居住建筑绿色设计技术导则

孙彤宇　贺　永　著

*

中国建筑工业出版社出版、发行（北京海淀三里河路9号）
各地新华书店、建筑书店经销
北京点击世代文化传媒有限公司制版
天津翔远印刷有限公司印刷

*

开本：787毫米×960毫米　1/16　印张：7½　字数：109千字
2021年11月第一版　2021年11月第一次印刷
定价：**35.00**元
ISBN 978-7-112-26425-4
（37979）

前 言

　　本导则是"十三五"国家重点研发计划（目标和效果导向的绿色建筑设计新方法及工具，2016YFC0700200）的研究成果，是根据中国建筑学会发布的《2018 年中国建筑学会标准研编计划（第二批）》文件要求，总结建筑设计实践经验，参考国内外标准和相关建筑案例的基础上编制。

　　随着《绿色建筑评价标准》GB/T 50378-2019 的颁布，提升居住建筑绿色性能成为新时期居住建筑设计的重要目标。为推动夏热冬冷地区居住建筑的高质量发展，由同济大学、重庆大学、华中科技大学、西南交通大学、西北工业大学、合肥工业大学、上海建筑科学研究院有限公司、上海市建设工程监理咨询有限公司和同济大学建筑设计研究院（集团）有限公司组成的编制组开展了《夏热冬冷地区城镇居住建筑绿色设计技术标准》的编制工作。

　　为了能够更好地将《夏热冬冷地区城镇居住建筑绿色设计技术标准》应用到具体建筑实践中，课题组补充编制了《夏热冬冷地区城镇居住建筑绿色设计技术导则》（以下简称《导则》）。《导则》框架与《标准》相对应，是对《标准》条文的进一步解释说明，目的是为了让建筑师能够更好地理解条文，将表达凝练的"标准语言"转变为建筑师易读易懂的"设计语言"。为了让读者更加具体地"看到"条文的实施效果，部分条文辅以"典型案例"，用图文并茂的形式向读者展示指标的一些优秀做法，鼓励设计师做出更加优秀的方案。

　　本导则由中国建筑学会标准化管理办公室负责管理，由同济大学负责具体技术内容的解释。各单位在应用本导则过程中，遇到任何问题请随时将有关意见和建议反馈给同济大学（上海市四平路 1239 号建筑与城市规划学院，邮编：200092，sty@tongji.edu.cn）以供今后修订参考。

目 录

概　述

　　住宅对每一个人来说都至关重要，它是我们生活、休闲和与家人相伴的场所。清新的室内空气、安静的生活环境、舒适的居住生活是每一个居民的心愿。居民每日生活中有近一半的时间都在住宅中度过，住宅的安全性能、保温性能、室内的空气质量、采光效果、隔声效果直接关系到居民的健康和福祉。健康绿色的住宅不仅可以让居民感到心情愉悦，提升精神状态，也能给居民带来安全感、归属感和创造力。

　　健康舒适的住区环境同样十分重要，它是居民几乎每天都会达到和停留的地方。合理的绿化配置、安全的住区环境、考虑充分的无障碍设计、便捷的步行和交通环境能够使居民感到安全和舒适，促进健康发展。良好的住区环境能促进形成和谐的邻里关系，降低犯罪率和保护儿童成长。

　　为了促进夏热冬冷地区居住建筑绿色性能的提升，本导则在《夏热冬冷地区城镇居住建筑绿色设计技术标准》的基础上编制，意在帮助建筑师更好地理解条文内容并将其应用到实际项目中。"导"是引导、启发之意，"则"是规则、榜样的意思，所以导则既是设计的先导也是需要遵循的法则。本导则编制的目的是提供一本可以供设计师使用的参考书，其表述尽可能简单，但也不过于随意。导则主要包括了以下内容：

【要点说明】

　　要点说明是针对总则、术语和基本规定的条文解释说明。总则、术语和基本规定这些内容往往涵盖的内容较为宽泛，因此需要对其侧重点进行说明，使其更加便于理解。

　　导则中尽量避免使用太多的术语，而是采用简明易懂的语言，只在必要的时候使用专业术语，以确保表达的准确性。在第一次使用术语时，也会对其进行必要的解释说明。

【应用说明】

应用说明是针对具体的条文内容进行解释说明。有些指标内容可以在实际设计过程中直接使用，而有些则不能作为直接参考，因此需要说明在实际应用过程中应该如何理解该条文，与该条文相联系的还有哪些标准可以参考。通过对比各标准的内容，可以使该条文的内容更加生动，易于理解。

对于有具体设计指导数据的指标，即可以通过阅读字面信息便能理解并直接转化到设计中的指标不需要详细解释。而对于方向性的指标内容则应该进行解释和举例。

【典型案例】

典型案例是需要对该条文中涉及的主要的内容进行解读，重点强调该案例中与条文内容直接相关的指标内容。介绍该项目的基本情况，在指标内容所涉及范围内的实践情况，内容尽可能丰富，尽可能展示设计图纸和具体指标。其内容大致可以分为项目概况，指标相关内容应用情况说明。

本导则中所列举的夏热冬冷地区优秀的建筑设计案例，有助于居住建筑的绿色规划和设计借鉴。以遵循因地制宜的原则，在绿色居住建设设计过程中，建筑与项目场地的气候、资源、生态环境、经济、人文等因素均应该被综合考虑，实现人与自然和谐共存。

【参考文献】

参考文献是以上内容涉及的参考文献的列举，为建筑师进一步的拓展阅读作准备。

导则的使用人群可大致分为以下几类：

- 从事住区规划的政府部门和管理人员。他们负责审批建设用地和提出相应的建设要求。

- 规划师和设计师。他们希望参照《标准》开展规划和设计。

- 住区中的居民。他们希望了解绿色住区的要求和功能。

- 对居住建筑绿色设计感兴趣的人员。

本导则适用于所有新建、改建和扩建项目。好的住区设计在开发之初就应该确定住区希望实现的绿色性能，这将有利于后续工作的稳步开展和实现，如采用何种技术措施和使用哪些主被动式设备。

居住建筑绿色设计初期应明确设计团队构成：构成成员中包括规划师、建筑师、工程师、景观建筑师、室内设计师、业主顾问等，团队在项目进行过程中应紧密合作，承担相应的责任。

受能力和时间的限制，《导则》在编制过程中难免存在疏漏和错误，还请读者批评指正，对《导则》内容提出建设性的意见让我们做得更好。

1 总则

1.0.1 为贯彻绿色发展理念，促进城镇居住建筑中绿色设计的落实，指导建筑设计人员对绿色技术的理解和应用，推进夏热冬冷地区城镇居住建筑的高质量发展，节约资源、保护环境，满足人民日益增长的美好生活需要，制定本标准。

【要点说明】

保护环境自 1983 年以来一直是我国的基本国策，这是因为我国经济增长过度依赖资源消耗，而居住建筑在建设、使用和拆除过程中会产生大量的污染和资源消耗，对环境来说是一个巨大的负担。当前我国推行绿色发展理念，颁布多项标准和法规促进居住建筑实现绿色和高质量发展，以实现人民日益增长的对美好生活的需求[1, 2]。随着我国生态文明建设和建筑科技的快速发展，我国绿色建筑已经取得了显著的成绩。

《夏热冬冷地区居住建筑节能设计标准》JGJ 134 条文[3]的条文说明 1.0.1 条中对夏热冬冷地区的定义为"长江中下游及其周围地区，该地区的范围大致是陇海线以南，南岭以北，四川盆地以东，包括上海、重庆两个直辖市，湖北、湖南、江西、安徽、浙江五省全部，四川、贵州两省东半部，江苏、河南两省南半部，福建省北半部，陕西、甘肃两省南端，广东、广西两省区北端，涉及16 个省、市、自治区"。从《民用建筑热工设计规范》GB 50176[4]的附录 A 中可以获得全国建筑热工设计一级区划图，具体范围请查阅相关规范。

该地区城镇居住建筑在建筑热工设计时应该注意的原则是必须满足夏季防热要求，适当兼顾冬季保温。在《绿色建筑评价标准》GB/T 50378 条文[5]中对绿色性能的描述为建筑安全耐久、健康舒适、生活便利、资源节约（节地、节能、节水、节材）和环境宜居等方面的综合性能。本《导则》中所希望提升的居住建筑绿色性能参考绿标 GB/T 50378 的相关规定。

【参考文献】

[1] 隋红红. 推动我国绿色建筑发展的政策法规研究 [D]. 北京交通大学，2012.

[2] 施骞，柴永斌. 推动我国绿色建筑发展的政策与措施分析 [J]. 建筑施工，2006（03）：200-202.

[3] JGJ 134-2010. 夏热冬冷地区居住建筑节能设计标准 [S].

[4] GB 50176-2016. 民用建筑热工设计规范 [S].

[5] GB/T 50378-2019. 绿色建筑评价标准 [S].

1.0.2 本标准适用于夏热冬冷地区新建、改建和扩建城镇居住建筑的绿色设计。

【要点说明】

本标准的内容主要是从设计阶段对夏热冬冷地区居住建筑的设计、规划等方面提出节能措施，对采暖和空调能耗规定控制指标。

本标准适用于各类居住建筑，包括住宅、集体宿舍、住宅式公寓、商住楼的住宅部分、托儿所、幼儿园等。

当其他类型的既有建筑改建为居住建筑时，以及现有的居住建筑需要扩建时，都应该参照本标准的要求采取必要的节能措施，符合本标准的各项规定。当然，并非所有类型的居住建筑改造都可以使用本标准，比如目前在城市中普遍开展的居住建筑节能外围护结构节能改造，因其经济和技术两个方面与新建居住建筑有很大的不同[1]，因此，本标准并不能完全指导既有居住建筑节能改造。

针对夏热冬冷地区既有居住建筑的节能改造具体可以参照《夏热冬冷地区既有居住建筑节能改造技术导则》[2]和《夏热冬冷地区既有居住建筑节能改造补助资金管理暂行办法》[3]。

【参考文献】

[1] 董宝军 . 对既有居住建筑节能改造相关标准执行情况的几点思考 [J]. 大众标准化，2016（03）：14-17.

[2] 中华人民共和国住房和城乡建设部 . 夏热冬冷地区既有居住建筑节能改造技术导则（试行）[2012-12-05]. http://www.mohurd.gov.cn/wjfb/201301/t20130105_212453.html.

[3] 中华人民共和国财政部 . 夏热冬冷地区既有居住建筑节能改造补助资金管理暂行办法 [2012-04-09]. http://www.gov.cn/zwgk/2012-04/28/content_2125413.html.

1.0.3 建筑设计应统筹考虑建筑全寿命期内，满足建筑功能和节省资源、保护环境之间的辩证关系，体现经济效益、社会效益和环境效益的统一；应降低建筑行为对自然环境的影响，遵循健康、简约、高效的设计理念，实现人与自然的和谐共生。

【要点说明】

2014 年以来，我国绿色建筑不断发展，相关标准和规范不断完善，夏热冬冷地区很多城市都推出相关的政策要求新建住宅必须满足绿色建筑评价标准。如 2014 年，上海市城乡建设和交通委员会通知自该年 7 月 1 日起，全市所有住宅项目强制要求执行新版绿色建筑设计标准要求，即《住宅建筑绿色设计标准》DGJ08-2139-2014，当前该标准已废止，使用 2018 年版的新标准 [1]；江苏省住建厅发布《江苏省绿色建筑设计标准》[2]，要求自 2015 年 1 月 1 日起，全省新建民用建筑达到一星级绿色建筑标准；重庆市城乡建委发布《重庆市绿色建筑行动实施方案（2013-2020 年）》[3]，要求自 2015 年起，主城区新建居住建筑全部执行一星级国家绿色建筑评价标准。夏热冬冷地区各省份均有颁布类似通知或标准。因此，夏热冬冷地区城镇居住建筑必须采取绿色设计已经成为一种共识。

夏热冬冷地区从热工设计的角度来说是一个非采暖的区域，住宅在设计和建造的过程中较少像北方住宅一样采用严格的外保温技术，这使得这一地区的住宅外围护结构热工性能较差，进而导致冬季取暖和夏季制冷能耗大。夏热冬冷地区处于长江中下游，是中国人口集中的地区，城镇化率高，因此，对城镇居住建筑绿色设计提出更高的要求势在必行，这对于促进全国节能减排工作的开展至关重要。

【参考文献】

[1] DGJ 08-2139-2018，住宅建筑绿色设计标准 [S].

[2] DGJ32/J 173-2014，江苏省绿色建筑设计标准 [S].

[3] 重庆市人民政府办公厅，重庆市绿色建筑行动实施方案（2013-2020 年）. 2013：重庆 .

1.0.4 建筑设计除应符合本标准的规定外，尚应符合国家及地方现行有关标准的规定。

【要点说明】

本标准对居住建筑设计中有关节能、节地、节水、节材、生活便利、公共服务设施、热工等方面做了相应的规定，但是居住建筑的绿色设计涉及的标准非常多，相关专业也制定了相应的标准，也有一些更具体针对性的规定，所以，在进行居住建筑设计时，除应遵循本标准外，尚应符合国家现行有关强制性标准、规范的规定。建筑设计应该在进行到相应的流程时，参考行业和国家的标准开展设计。

2 术语

2.0.1 绿色居住建筑 green residential building

在全寿命期内，节约资源、保护环境、减少污染，为人们提供健康、适用、高效的使用空间，面向环境调控、最大限度地实现人与自然和谐共生的高质量居住建筑。

2.0.2 绿色设计 green design

以提高建筑安全耐久、健康舒适、生活便利、资源节约（节地、节能、节水、节材）和环境宜居等方面的综合性能为目的而采取的综合设计。

2.0.3 建筑全寿命期 building life cycle

包括从材料与构建生产、规划与设计、建造与运输、运行与维护直到拆除与处理（废弃、再循环和再利用等）的全循环过程。包括原材料的获取，建筑材料与构配件的加工制造，现场施工与安装，建筑的运行和维护，以及建筑最终的拆除与处置。

2.0.4 可再生能源 renewable energy

从自然界获取的、可以再生的非化石能源，包括风能、太阳能、水能、生物质能、地热能和海洋能等。

2.0.5 绿色建材 green building material

在全寿命期内可减少对资源的消耗、减轻对生态环境的影响，具有节能、减排、安全、健康、便利和可循环特征的建材产品。

2.0.6 建筑物耐久性 building durability

在环境作用和正常维护、使用条件下，建筑物主体结构及其主要部品、部件在设计使用年限内保持其安全性和适用性的能力。

2.0.7 装配式住宅建筑 prefabricated residential building

采用现代化的科学技术手段，以先进的、集中的、工业化的生产方式建造的居住建筑，采用工厂生产、现场安装的建造方式进行建造。

2.0.8 全装修 decorated

根据设计与建造一体化＋建筑与装修一体化原则、采用先进制造技术进行个性化制造而成的基本设备功能齐全的优质房屋；在房屋交钥匙前，所有功能空间的固定面全部铺装或粉刷完成，厨房和卫生间等基本设备全部安装完成的集合式全装修住宅。

2.0.9 绿道 greenway

以自然要素为依托和构成基础，串联城乡游憩、休闲等绿色开敞空间，以游憩、健身为主，兼具市民绿色出行和生物迁徙等功能的廊道。

3 基本规定

3.0.1 建筑设计应考虑建筑安全耐久、健康舒适、生活便利、资源节约（节地、节能、节水、节材）和环境宜居等方面的综合性能。

【要点说明】

随着绿色建筑的理念在建筑设计中达成共识，绿色居住建筑在我国不断发展，如何实现居住建筑绿色设计成为设计师必须思考的问题[1, 2]。在人类进入工业文明之前，人类对自然的改造能力有限，为了能够改善居住条件，保护自身的繁衍生息，人类通过不断适应环境和气候，根据当地的资源特征、气候特征修建了各式各样的民居和聚居地，如福建的土楼、重庆地区的山地民居、湘西的吊脚楼等。随着人类工业文明的发展，人对自然的改造能力不断增强，城市化率不断提升，人不断突破自然的限制，营建起适合人类社会发展的生存环境。与此同时，空调的使用使人们有能力调节一年四季的室内温度不受外界气温变化的影响，创造一个舒适的室内环境。但是，随着人类对自然的改造能力不断增强，污染、城市热岛、全球变暖、臭氧层空洞等一系列问题不断加剧。人们开始意识到，人类对保护环境的漠视最终换来的必然是自然对人类的报复，如近年来极端气候频发、多种未曾出现过的病毒肆虐、洪水、蝗灾、干旱等一系列问题威胁着人类的生存。居住建筑，作为目前城市中最主要的建筑类型，必须从设计阶段思考如何降低对自然的影响，实现建筑与气候的适应、减少对空调的依赖、保护生态环境、促进人与自然的和谐发展[3]。

居住建筑实现绿色规划和设计，应多向传统民居学习，不断创新发展。传统民居是居民经历数千年与自然的交流和对抗形成的形式，早已与自然融为一体，但是工业社会下的城市住宅，如何才能实现与自然的和谐相处却才刚刚开始。

这需要每个设计师在进行设计工作时不断思考和创新。

【参考文献】

[1] 胡友陪，陈晓云.绿色建筑建造初探 [J].建筑学报，2010（11）: 96-100.
[2] 王竹，王玲.绿色建筑体系的导衡机制 [J].建筑学报，2001（05）: 58-59+68.
[3] 宋春华.品质人居的绿色支撑 [J].建筑学报，2007（12）: 1-3.

3.0.2 建筑设计应综合考虑建筑全寿命期的技术与经济特性，采用有利于促进建筑与环境可持续发展的场地、建筑形式、建造体系、材料、技术，并进行合理的设备选型。

【要点说明】

全寿命周期成本理论是由英国皇家特许测量师学会提出的着重于成本效益的解决方案。从整个建设项目寿命周期的范围来考虑成本和费用的节约，追求最优组合，以此达到全寿命成本的最优化目标[1]。绿色建筑中提出的全寿命周期内最大限度节约能源和减少污染，是指要从建筑选址、设计、施工、使用运营、管理和废弃的全过程中，在围护环境基本生态平衡的前提下，充分利用资源，满足居民安全、健康、高效、舒适的居住和使用。

绿色建筑的全寿命成本根据阶段的不同可以大致分为决策设计成本、施工建造成本、使用维护成本、回收报废成本 4 个部分。决策设计成本包括前期准备阶段的立项选址、可行性研究、勘察设计、招投标、施工准备等前期准备费用；施工建造成本包括建造阶段的物资采购、工程施工、工程监理、工程验收等建造费用；使用维护成本包括使用阶段的运营准备、物业管理及运行维护等使用费用；回收报废成本包括废弃处置阶段的拆除与处置费用等。

建设项目的全寿命周期成本发生在项目寿命周期的不同阶段，是项目各个阶段成本的累积。通常，建设项目在一定功能范围内，建设成本和使用维护成本存在此消彼长的关系，随着项目功能水平的提高，建设项目建设成本增加，使用维护成本降低；反之，项目功能水平降低，其建设成本降低但使用维护成本增加[2]。

为了能够控制建筑的全寿命周期成本，因此需要合理规划场地、建筑形式、使用材料、配套设备和建筑规模等内容。

【参考文献】

[1] 陈晓婕. 基于全寿命周期的既有居住建筑绿色化改造成本效益探析 [J]. 住宅与房地产，2019（36）：21.

[2] 徐浩军. 绿色居住建筑全寿命周期成本的实例研究 [J]. 信息系统工程，2012（08）：110-111+121.

3.0.3 建筑设计应遵循因地制宜的原则，从方案设计阶段开始即需要结合建筑所在地域的气候、资源、生态环境、经济、人文等因素综合考虑，实现人与自然和谐共存。

【要点说明】

我国地域辽阔，不同地区的气候、地理环境、自然资源、经济发展与社会习俗等都存在差异，绿色建筑重点关注建筑行为对资源和环境的影响，因此绿色建筑的设计应注重地域性特点，因地制宜、实事求是，充分分析建筑所在地域的气候、资源、自然环境、经济、文化等特点，考虑各类技术的适用性，特别是技术的本土适宜性。设计时应因地制宜、因势利导地控制各类不利因素，有效利用对建筑和人的有利因素，以实现极具地域特色的绿色建筑设计。

绿色设计还应吸收传统建筑中适应生态环境、符合绿色建筑要求的设计元素、方法乃至建筑形式，采用传统技术、本土适宜技术实现具有中国特色的绿色建筑[1]。

【参考文献】

[1] JGJ/T 229-2010，民用建筑绿色设计规范 [S].

3.0.4 建筑设计应体现共享、平衡、集成的理念。在设计过程中，规划、建筑、结构、给水排水、暖通空调、电气与智能化、室内设计、景观、经济等专业应协调配合进行一体化设计，选择适用、经济合理的绿色设计技术。

【要点说明】

绿色设计过程中应以共享、平衡为核心，通过优化流程、增加内涵、创新方法实现集成设计，全面审视、综合权衡设计中每个环节涉及的内容，以集成工作模式为业主、工程师和项目其他关系人创造共享平台，使技术资源得到高效利用。

绿色设计的共享有两个方面的内涵：第一是建筑设计的共享和资源的共享，建筑设计是共享参与的过程，在设计的全过程中要体现权利和资源的共享，关系人共同参与设计。第二是建筑本身的共享，建筑本是一个共享平台，设计的结果是要使建筑本身为人与人、人与自然、物质与精神、现在与未来的共享提供一个有效、经济的交流平台。

实现共享的基本方法是平衡，没有平衡的共享可能会造成混乱。平衡是绿色建筑设计的根本，是需求、资源、环境、经济等因素之间的综合选择。要求建筑师在建筑设计时改变传统设计思想，全面引入绿色理念，结合建筑所在地的特定气候、环境、经济和社会等多方面的因素，并将其融合在设计方法中。

绿色设计强调全过程控制，各专业在项目的每个阶段都应参与讨论、设计与研究。绿色设计强调以定量化分析与评估为前提，提倡在规划设计阶段进行如场地自然生态系统、自然通风、日照与天然采光、围护结构节能、声环境优化等多种技术策略的定量化分析与评估。定量化分析往往需要通过计算机模拟、现场检测或模型实验等手段来完成，这样就增加了对各类设计人员特别是建筑师的专业要求，传统的专业分工的设计模式已经不能适应绿色建筑的设计要求。因此，绿色建筑设计是对现有设计管理和运作模式的创造性变革，是具备综合专业技能的人员、团队或专业咨询机构的共同参与，并充分体现信息技术成果的过程。

绿色设计并不忽视建筑学的内涵，尤为强调从方案设计入手，将绿色设计策略与建筑的表现力相结合，重视建筑的精神功能和社会功能，重视与周边建筑和景观环境的协调以及对环境的贡献，避免沉闷单调或忽视地域性和艺术性的设计。

3.0.5 居住建筑设计文件应设置绿色设计专篇，计算全寿命期碳排放。并应注明对绿色建筑施工与运营管理及维护的技术要求，施工图中应包括绿色建筑预评价报告及预评价得分表。

【要点说明】

在方案和初步设计阶段的设计文件中，通过绿色设计专篇对采用的各项技术进行比较系统的分析与总结；在施工图设计文件中注明对项目施工与运营管理的要求和注意事项，会引导设计人员、施工人员以及使用者关注设计成果在项目的施工、运营管理阶段的有效落实。

绿色设计专篇中一般包括下列内容：

1 工程的绿色目标与主要策略；

2 符合绿色施工的工艺要求；

3 确保运行达到绿色建筑设计目标的使用说明书。

绿色设计专篇的具体内容见附件。

4 安全耐久设计

4.1 一般规定

4.1.1 建筑应选择满足抗震防灾和功能要求，且对环境影响小、资源消耗低、材料利用率高、耐久性高及适合工业化建造的结构体系。

【应用说明】

这是对项目规划和设计的一般要求，具体可以理解为前期设计过程中应该将项目中的资源条件、环境劣势、场地周边建材供应情况、可选用的建筑结构体系进行罗列和优选，以期降低项目对环境的影响的同时提高项目的安全性能。

4.1.2 建筑结构应满足承载力、变形、裂缝和使用功能要求。

【应用说明】

住宅建筑主体结构的安全性能在《住宅性能评价技术标准》GB/T 50362 的附录 D 中有详细说明。其中具体的住宅安全性能是指住宅建筑、结构、构造、设备、设施和材料等不危害人身安全并有利于用户躲避灾害的性能。住宅设计建造过程中应该符合这一标准给出的具体要求。

4.1.3 居住建筑墙体、屋面、门窗、幕墙及外保温的安全和防护性能应符合国家现行相关标准的有关规定。

4.1.4 屋面、阳台、外窗、窗台等人员可到达的临空位置应按照国家现行规范要求设置防护栏杆。

【应用说明】

《住宅设计规范》GB 50096-2011 中对住宅建筑公共空间的窗台、栏杆、台阶作出了如下规定：

（1）楼梯间、电梯厅等共用部分的外窗，窗外没有阳台或平台，且窗台距楼面、地面的净高小于 0.90m 时，应设置防护设施；

（2）公共出入口台阶高度超过 0.70m 并侧面临空时，应设防护设施，且防护设施净高不应低于 1.05m；

（3）外廊、内天井及上人屋面等临空处的栏杆净高，六层及六层以下不应低于 1.05m，七层及七层以上不应低于 1.10m；

（4）防护栏杆必须采用防止儿童攀登的构造，栏杆的垂直杆件间净距不应大于 0.11m，放置花盆处必须采取防坠落措施。[1]

【参考文献】

[1] GB 50096-2011，住宅设计规范 [S].

4.1.5 非结构构件、装饰装修材料和部品、设备及附属设施等应连接牢固，有防水要求的功能空间应采取防水措施。

【应用说明】

居住建筑内部的非结构构件包括非承重墙体、附着于楼屋面结构的构件、装饰构件和部件等。建筑内部非结构构件等应满足使用安全性。门窗、防护栏杆等应满足《住宅设计规范》GB 50096-2011 中的相关规定，防止人员跌落事故的发生。室内装饰装修需对承重材料的力学性能进行检测验证。装饰构件之间以及装饰构件与建筑墙体、楼板等构件之间的连接力学性能应满足设计要求，连接可靠并能适合主体结构在地震作用之外各种荷载作用下的变形。建筑部品、非结构构件及附属设施等应采用机械固定、焊接、预埋等牢固性构件连接方式或一体化建造方式与建筑主体结构可靠连接。[1]

【参考文献】

[1]　GB/T 50378-2019，绿色建筑评价标准 [S].

4.1.6　应具有安全防护的警示和引导标识系统。

【应用说明】

设置便于识别和使用的标识系统，包括导向标识和定位标识等，能够为建筑使用者带来便捷的使用体验。标识一般有人车分流标识、公共交通接驳引导标识、易于老年人识别的标识、满足儿童使用需求与身高匹配的标识、无障碍标识、楼座及配套设施定位标识、健身慢行道导向标识、健身楼梯间导向标识、公共卫生间导向标识，以及其他促进建筑便捷使用的导向标识等。当前我国尚无居住建筑直接相关的标识系统技术规范，公共建筑的标识系统可参考现行《公共建筑标识系统技术规范》GB/T 51223。

在进行标识系统的设计时，应考虑建筑使用者的习惯和需求，通过色彩、形式、字体、符号等进行整体设计。例如，对于老年人，需要采用较大的字体、较易识别的色彩；对于儿童，需注意在适合的高度设置标识，采用明亮的色彩和图形化的表达。在场地显著位置也应设置标识，反映周围的建筑、设施分布情况，提示当前位置。建筑及场地的标识应沿通行路径布置，构成完整和连续的引导系统。[1]

中国人口老龄化的今天，社区适老化设计尤为重要，在适老化导向的社区中，标识系统的设计宜遵循以下几个原则：[2]

舒适性：采用具有积极乐观意义的图形、色彩、声音和文字内容，尊重不同地区文化传统和风俗习惯，增强心理舒适性。

复合性：老年人文化程度、身体状况、个人喜好不同，对各类标识的敏感性不同，宜综合采用文字、图形、声音相结合的方式进行设计。

通用性：同一社区的室外标识适老化设计应结合国际通用标识、市政通用标识进行统一设计，同时投入使用，实现标识系统的"无障碍"。

人性化：注重人性需求、人文关怀，如注意台阶的提示牌，辅以儿童欢乐音色的提示音，能够提高老年人的瞬时注意力，有助于记忆。

【典型案例】

1. 重庆龙湖颐年公寓康复花园

该项目是一座位于老年公寓上的屋顶花园（图4-1），供公寓中的住户使用。设计根据老年人不同的公共生活需求设置了不同的功能，包括广场、跑道、种植池、带遮阳棚的座椅等。健身步道鲜艳的颜色和放大的字体有助于老年人识别（图4-2）。

图4-1　重庆龙湖颐年公寓屋顶康复花园　　　图4-2　重庆龙湖颐年公寓健身步道

（资料来源：https://www.gooood.cn/caring-landscape-friendly-garden-longfor-yinian-apartment-rehabilitation-garden-chongqing-china-gvl.htm）

2. 瑞士 Frauensteinmatt 看护中心

项目整体采用浅色的材料，包括白色的墙面和顶棚，浅色木地板和棕黄色的窗框等，突出了墙面上的深色标识（图4-3）。空间中的标识大而清晰，方便老人阅读。（图4-4）所有材料都是低反射材料，照明也采用散射光源，避免强烈的反光对老年人视觉的影响。

图 4-3　瑞士 Frauensteinmatt 看　　图 4-4　瑞士 Frauensteinmatt 看护中心电梯厅
护中心走廊　　　　　　　　　　标识设计

（资料来源：https://www.gooood.cn/care-center-frauensteinmatt-by-michael-meier-marius-hug-architekten.htm）

【参考文献】

[1]　GB/T 50378-2019，绿色建筑评价标准 [S].

[2]　唐悦兴，王锦辉 . 社区室外标识系统适老化设计分析 [J]. 建筑与文化，2019
　　（10）：37-38.

4.2　场地安全

4.2.1　建筑选址应避开基本农田、特殊物种栖息地、湿地、未开发用地、
原有垃圾填埋场等有敏感性要求的土地，应对场地内外自然资源进行调查与利
用评估，保障场地生态安全。

【应用说明】

生物资源由动物资源、植物资源、微生物资源和生态湿地资源组成，在进
行场地规划时，应因地制宜，与场地环境建立有机共生关系，保持生物多样性。[1]

【参考文献】

[1]　JGJ/T 229-2010，民用建筑绿色设计规范 [S].

4.2.2 建筑在场地选址时应充分评估建筑场地的安全状况，所选场地应满足以下要求：

1）应避开可能发生滑坡、泥石流、地陷、地裂、崩塌以及地震断裂带等地质危险地段，易发生洪涝地区应有可靠的防洪涝基础设施，应进行场地安全性评价；

2）在裸岩、塌陷地、废窑坑等废弃场地进行设计及建造时，应进行场地安全性评价，并应采取相应的防护措施；

3）场地应无危险化学品、易燃易爆危险源的威胁；

4）场地电磁辐射、含氡土壤的危害应保证在无危害的范围；

5）建筑地基应符合国家现行相应专业标准的规定。

【应用说明】

一般来说，在项目用地审批之后，施工之前，需要对项目进行环保测评、日照分析、地震测试、地质勘探等一系列检查。对于一些特殊的项目，在设计过程中需要考虑可能发生的自然灾害和地震灾害，如在地震风险较高的地区应该使用抗震性能较好的结构和材料，具体内容可以参考《建筑抗震设计规范》GB 50011 中的相关要求。我国曾发生过多次大地震，并且给居民造成了巨大的生命和财产损失，因此在设计过程中注重防灾减灾对于保护居民生命安全至关重要。[1]

《绿色建筑评价标准》GB/T 50378-2019 中第 4.1.1 条规定场地应无危险化学品、易燃易爆危险源的威胁[2]。绿色建筑选址应远离各项污染源，如项目周边有污染源，应采取措施进行消除与避让，且项目建成后各项污染物不超标排放。污染物排放标准可参考：《大气污染物综合排放标准》GB 16297、《饮食业油烟排放标准》GB 18483、《锅炉大气污染物排放标准》GB 13271、《社会生活环境噪声排放标准》GB 22337、《生活垃圾焚烧污染控制标准》GB 18485、《生活垃圾填埋场污染控制标准》GB 16889。[3]

场地环境质量包括大气质量、噪声、电磁辐射污染、放射性污染和土壤氡浓度等，在场地规划前，应调查相关环境质量指标，若不满足国家标准要求，应采取相应措施，并对措施的可操作性和实施效果进行评估。《环境电磁波卫生标准》GB 9175-88 中以电磁波辐射强度及其频段特性对人体可能引起潜在性不良影响的阈下值为界，将环境电磁波容许辐射强度标准分为二级。一级标准为安全区，指在该环境电磁波强度下长期居住、工作、生活的一切人群（包括婴儿、孕妇和老弱病残者），均在不会受到任何有害影响的区域；新建、改建或扩建电台、电视台和雷达站等发射天线，在其居民覆盖区内，必须符合"一级标准"的要求。二级标准为中间区，指在该环境电磁波强度下长期居住、工作和生活的一切人群（包括婴儿、孕妇和老弱病残者）可能引起潜在性不良反应的区域；在此区域内可建造工厂和机关，但不许建造居民住宅、学校、医院和疗养院等，已建造的必须采取适当的防护措施。超过二级标准的地区禁止建造住宅。[4]

防氡措施可参考《民用建筑工程室内环境污染控制标准》GB 50325-2020 中第 4.2 条。[5] 我国尚未在全国范围进行地表土壤中氡水平普查。根据部分地区的调查报告，不同地方的地表土壤氡水平相差悬殊。同一个城市有地下地质构造断层的区域，其地表土壤氡水平往往要比非地质构造断层的区域高出几倍，因此设计前的工程地质勘察报告中应提供工程地点的地质构造断裂情况资料。在工程勘察设计阶段，可根据所在城市区域土壤氡调查资料，结合《民用建筑工程室内环境污染控制标准》GB 50325-2020 的规定，确定是否采取防氡措施。

土壤氡浓度实测平均值较低（即不大于 $10000Bq/m^3$）且工程地点无地质断裂构造时，土壤氡对工程的影响不大，工程可不进行土壤氡浓度测定。土壤氡浓度不大于 $20000Bq/m^3$ 时或土壤表面氡析出率不大于 $0.05Bq/(m^2 \cdot s)$ 时，可不采取防氡工程措施。

【典型案例】

南京紫鑫中华广场三期工程项目抗震设计

该项目位于南京市江东中路和梦都大街交叉口西北角，4 号楼为高层塔楼，地下 3 层，地上 26 层，高度为 89.75m。一至四层为商业，商业部分一层层高 5.7m，

二至三层 4.9m，四层为 6m，结构转换层屋顶标高为 21.5m，其上皆为住宅。（图 4-5）

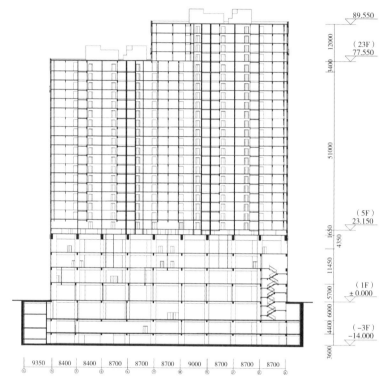

图 4-5　南京紫鑫中华广场三期工程 4 号楼纵剖面示意图

（资料来源：周善来，邵卫国，金烈，孙文.南京紫鑫中华广场三期工程 4 号楼框支剪力墙结构抗震设计 [J].建筑结构，2019，49（S2）：286-290.）

　　建筑采用部分框支剪力墙结构，通过增加住宅平面周边剪力墙的数量来增加结构平面抗扭刚度，形成上部住宅楼层周边小开间剪力墙结构布置，下部商业是大柱网布置，周边较多的剪力墙形成次梁转换，对抗震不利，通过在周边布置 2000mm 宽转换梁，2000mm 长转换柱，使周边剪力墙能落到框支主梁上。改进了抗震性能。

　　在实际项目中，应该充分考虑结构的抗震性能，通过优化设计，减少结构中的抗震薄弱部位，提升建筑的抗震性能。

【参考文献】

[1] JGJ/T 229-2010, 民用建筑绿色设计规范 [S].

[2] GB/T 50378-2019, 绿色建筑评价标准 [S].

[3] 中华人民共和国建设部. 绿色建筑评价技术细则（试行）[2007-08-27].
http://www.mohurd.gov.cn/wjfb/200711/t20071115_158570.html.

[4] GB 9175-88, 环境电磁波卫生标准 [S].

[5] GB 50325-2020, 民用建筑工程室内环境污染控制标准 [S].

4.3 人员安全

4.3.1 应采取措施防止外窗、外部构件等意外脱落，并考虑使用和检修维护的安全性：

1）外部遮阳、空调机位、太阳能集热器、太阳能光伏板等设施和构件应与建筑统一设计，应选用稳固的连接方式，并考虑后期检修、维护的安全性；

【应用说明】

建筑外遮阳、空调机位、外墙花池、太阳能设施等外部设施应符合《建筑遮阳工程技术规范》JGJ 237、《民用建筑太阳能热水系统应用技术标准》GB 50364、《民用建筑太阳能光伏系统应用技术规范》JGJ 203、《装配式混凝土建筑技术标准》GB/T 51231 的相关规定要求。建筑外部设施是需要定期检修和维护的，故在设计时应考虑后期检修人员的安全，如设计检修通道、马道和吊篮固定端等。

典型的集热器与建筑一体化设计方法有 [2]：

与墙的一体化设计，使用集热蓄热墙、透明绝热材料及附加于墙面的集热器等；与屋面的一体化设计，紧贴屋顶结构安装集热器、太阳能光伏板（图 4-6）；与阳台的一体化设计，将集热设备安装在住户阳台上，便于检修、工程量少

（图 4-7、图 4-8）；与遮阳装置的一体化设计，将太阳能集热器与窗户上的遮阳篷相结合（图 4-9）。

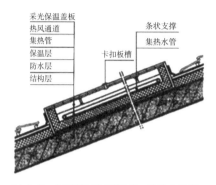

图 4-6 与建筑坡屋面组成一体的太阳能集热器

图 4-7 日本某集合住宅中与阳台组成一体的太阳能热水器

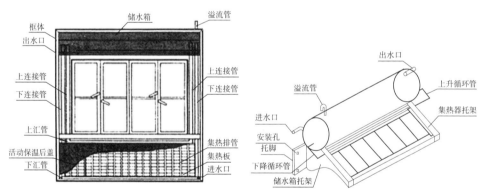

图 4-8 与封闭阳台结合为一体的太阳能热水器　　图 4-9 与遮阳篷结合为一体的太阳能热水器

（资料来源：高辉，何泉 . 太阳能利用与建筑的一体化设计 [J]. 华中建筑，2004（01）：70-72+79.）

　　建筑光伏系统是指将太阳能发电技术应用到建筑上的一种系统。建筑光伏系统根据二者的结合程度不同分为：附加光伏系统（BAPV）以及光伏建筑一体化（BIPV）。其在建筑设计上的典型应用形式有[3]：

　　（1）附加光伏系统（BAPV）

　　①屋顶附加系统：光伏板直接安装在建筑屋顶。②墙面附加系统：光伏板依

附于建筑南立面等光照好的墙面。

（2）光伏建筑一体化（BIPV）

①光伏采光顶：将具有良好透光性能和发电性能的太阳能光伏板应用到屋面。（图4-10）②光伏幕墙：将具有发电功效的太阳能光伏作为建筑的玻璃幕墙。（图4-11）③光伏构件：将光伏板作为建筑的一些构件使用，如将光伏板作为建筑的遮阳构件和围护构件，或安装在阳台的栏杆扶手上等，如光伏窗、光伏遮阳板。（图4-12）④光伏材料：光伏器件与建筑材料结合设计，如光伏玻璃、光伏瓦。[4]

图4-10　光伏采光顶

（资料来源：李海霞，郑志. 阳光、技术与美学——兼谈光伏技术在建筑中的应用 [J]. 华中建筑，2005（05）：75-78+125.）

图4-11　光伏幕墙

（资料来源：https://m.sohu.com/a/202262272_684532）

图4-12　光伏遮阳板

（资料来源：李海霞，郑志. 阳光、技术与美学——兼谈光伏技术在建筑中的应用 [J]. 华中建筑，2005（05）：75-78+125.）

【典型案例】

南京清溪花园太阳能集热器安装

清溪花园小区住宅需要在坡屋面集中安装太阳能热水器，设计师在屋脊上留出了 2m 宽的平层（马道）的方式，作为集热器安装和检修通道。（图 4-13）

图 4-13　清溪花园屋脊马道

（资料来源：https://www.bmlink.com/news/479420.html）

2）外门窗必须采用稳固的构造设计形式，其抗风压性能和水密性能应符合国家现行有关标准的规定；

3）出入口均应设计外墙饰面、门窗玻璃意外脱落的防护措施，防护措施宜与人员通行区域的遮阳、遮风或挡雨措施结合；

4）宜利用场地或景观设计形成可降低坠物风险的缓冲区、隔离带。

【应用说明】

《住宅设计规范》GB 50096-2011 中住宅建筑套内空间的阳台、门窗相关规定如下：（1）阳台栏杆设计必须采用防止儿童攀登的构造，栏杆的垂直杆件间净距不应大于 0.11m，放置花盆处必须采取防坠落措施；（2）阳台栏板或栏杆净高，六层及六层以下不应低于 1.05m；七层及七层以上不应低于 1.10m；（3）封闭阳台栏板或栏杆也应满足阳台栏板或栏杆净高要求；（4）窗外没有阳台或平台的外窗，窗台距楼面、地面的净高低于 0.90m 时，应设置防护设施；（5）设置凸窗时，应满足《住宅设计规范》GB 50096-2011 中第 5.8.2 条的规定；（6）底层外窗和阳台门、下沿低于 2.00m 且紧邻走廊或共用上人屋面上的窗和门，应采取防卫措施。[5]

阳台、外窗、窗台、防护栏杆等的强化防坠设计可采用如下措施：采用高窗设计、限制窗扇开启角度、窗台与绿化种植整合设计、适度减少防护栏杆垂直杆件水平净距、安装隐形防盗网。应对外墙饰面、门窗玻璃意外脱落的风险，可采取的设计手段有：（1）建筑设计平台、错层进行缓冲（2）建筑出入口设置雨棚（3）建筑外墙周围地面设计景观隔离带[1]。（图 4-14）

图 4-14　Sky Green 住宅综合体休闲绿化平台

（资料来源：https://www.gooood.cn/sky-green-by-woha.htm）

【拓展信息】

科罗拉多庭院（Colorado Court）

科罗拉多庭院（Colorado Court）住宅项目得到了美国绿色建筑评估体系（LEEDTM）金牌认证，是美国第一批100%能源自给的建筑。该项目采用了超越当时标准的节能措施，从而优化了建筑性能，并确保在所有施工阶段和使用后都能减少能源消耗。该住宅采用两种绿色资源发电。建筑立面和屋顶上有199块光电板，供应大部分电力；屋顶有一座天然气微型涡轮机提供补充电力，同时供应热水。科罗拉多庭院的太阳能电力墙和遮阳板是其主要特色。室外光线透过外围的光伏板漫射进室内，形成独特光影效果[4]。（图4-15、图4-16）

图4-15　科罗拉多庭院照片　　　　　　图4-16　科罗拉多庭院遮阳板

（资料来源：https://www.archdaily.com/89665/colorado-court-brooks-scarpa）

【参考文献】

[1]　GB/T 50378-2019，绿色建筑评价标准[S].

[2]　高辉，何泉. 太阳能利用与建筑的一体化设计[J]. 华中建筑，2004（01）：70-72+79.

[3]　李妞. 太阳能光伏技术在建筑中的应用与设计[J]. 节能，2019，38（12）：1-3.

[4] 李海霞，郑志. 阳光、技术与美学——兼谈光伏技术在建筑中的应用 [J]. 华中建筑，2005（05）：75-78+125.

[5] GB 50096-2011，住宅设计规范 [S].

4.3.2 内部的非结构构件、装饰装修材料和部品、设备及附属设施等应采取连接牢固的构造措施并能适应主体结构变形。

【应用说明】

居住建筑内部的非结构构件包括非承重墙体、附着于楼屋面结构的构件、装饰构件和部件等。建筑内部非结构构件等应满足使用安全性。门窗、防护栏杆等应满足《住宅设计规范》GB 50096-2011 中的相关规定，防止人员跌落事故的发生。室内装饰装修需对承重材料的力学性能进行检测验证。装饰构件之间以及装饰构件与建筑墙体、楼板等构件之间的连接力学性能应满足设计要求，连接可靠并能适合主体结构在地震作用之外的各种荷载作用下的变形。建筑部品、非结构构件及附属设施等应采用机械固定、焊接、预埋等牢固性构件连接方式或一体化建造方式与建筑主体结构可靠连接[1]。

【参考文献】

[1] GB/T 50378-2019，绿色建筑评价标准 [S].

4.3.3 人流量大、门窗开合频繁的位置，宜选用具有安全防护功能的玻璃、具备防夹功能的门窗等产品或配件。

【应用说明】

对建筑安全玻璃的使用可参考国家现行标准《建筑用安全玻璃》GB 15763、《建筑玻璃应用技术规程》JGJ 113 的有关规定以及《建筑安全玻璃管理规定》（发改运行 [2003]2116 号），人体撞击建筑中的玻璃制品并受到伤害的主要原因是缺少足够的安全防护。为了尽量减少建筑用玻璃制品在受到冲击时对人体造成划伤、割伤等，在建筑中使用玻璃制品时需尽可能地采取下列措施：（1）选择安全玻璃制品时，充分考虑玻璃的种类、结构、厚度、尺寸，尤其是合理选择安全玻璃制品霰弹袋冲击试验的冲击历程和冲击高度级别等；（2）对关键场所的安全玻璃制品采取必要的其他防护；（3）关键场所的安全玻璃制品设置容易识别的标识。分隔建筑室内外的玻璃门窗、幕墙、防护栏杆等采用安全玻璃，室内玻璃隔断、玻璃护栏等采用夹胶钢化玻璃。[1]在电梯门、大堂入口、旋转门、推拉门窗等位置应选用有防夹功能的门窗，如带有传感器的旋转门、可调力度的闭门器、具有缓冲功能的延时闭门器等。根据《建筑用安全玻璃》GB 15763，安全玻璃有四大类：防火玻璃、钢化玻璃、夹层玻璃、均质钢化玻璃。[2]

【参考文献】

[1]　GB/T 50378-2019，绿色建筑评价标准 [S].

[2]　GB 15763.1-2009，建筑用安全玻璃 [S].

4.3.4　卫生间、浴室的地面应设置防水层，墙面、顶棚应设置防潮层。

4.3.5　建筑内部及周边场地的通行空间设计应满足紧急疏散、应急救护等要求，应通过有效的空间引导设计，帮助使用者对空间方位、特别是对紧急疏散方向的辨识。

【应用说明】

疏散和救护顺畅对于应对突发性事件非常重要。走廊、疏散通道等应满足现行国家标准《建筑设计防火规范》GB 50016、《防灾避难场所设计规范》GB 51143 等对安全疏散和避难、应急交通的相关要求。建筑师在设计阳台花池、机电箱时，应注意不要凸向走廊和疏散通道。[1]

《住宅设计规范》GB 50096-2011 对住宅内部的安全疏散作出了相关规定。对住宅套内过道宽度、楼梯宽度和高度的设计可查阅第 5.7 项；住宅安全疏散出口的设计可查阅第 6.2 项。[2]《建筑设计防火规范》GB 50016-2014 中对民用建筑总平面布局作出了详细规定,住宅建筑在布局时应注意留出防火间距,住宅内部安全疏散距离和避难层的设计应满足《建筑设计防火规范》GB 50016 中第 5.5 项的规定。

随着我国城市突发灾害的逐渐增多,在城市高密度住区,如何对避难场所和疏散路径进行规划设计是一个重要课题。基于居民的应急疏散行为,空间引导规划设计建议如下:

(1)基于应急疏散行为模拟分析的应急避难规划

在住区规划设计前,需要根据住区的人口规模、避难需求及周围避难场所的布局对城市高密度住区进行突发灾害安全性分析,确定住区所需的避难场所和避难疏散通道数量和规模。通过计算机仿真技术可以模拟居民疏散到避难场所的时间。图 4-17 为基于应急疏散仿真的高密度住区规划设计流程。

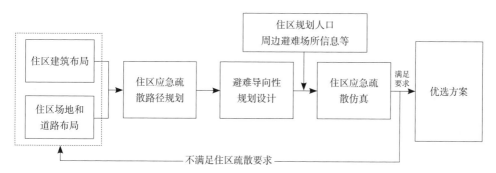

图 4-17 基于应急疏散仿真的高密度住区规划设计流程

(资料来源:林姚宇,丁川,吴昌广,等.城市高密度住区居民应急疏散行为研究 [J]. 规划师,2013,29(7):105-109.)

(2)基于城市设计提高疏散空间的可识别性和安全性

根据居民对避难场所及疏散路径的选择概率分析结果,划分不同等级的出口及疏散路径,完善标识指示系统。通过灯光、色彩及图案加强对避难场所及疏散路径的指示作用。在主要的疏散通道上采用防滑的路面铺装材料,在有地势高差处设置缓坡。[3]

【参考文献】

[1] GB/T 50378-2019, 绿色建筑评价标准 [S].

[2] GB 50096-2011, 住宅设计规范 [S].

[3] 林姚宇, 丁川, 吴昌广, 等. 城市高密度住区居民应急疏散行为研究 [J]. 规划师, 2013, 29（7）: 105-109.

4.3.6 室内外地面及路面应进行防滑设计, 并满足以下规定:

1）建筑出入口及平台、公共走廊、电梯门厅、厨房、浴室、卫生间等应采取防滑措施, 防滑等级不宜低于现行行业标准《建筑地面工程防滑技术规程》JGJ/T 331 规定的 Bd、Bw 级;

2）建筑室内外活动场所应采用防滑地面, 防滑等级宜达到现行行业标准《建筑地面工程防滑技术规程》JGJ/T 331 规定的 Ad、Aw 级;

3）建筑坡道、楼梯踏步防滑等级宜达到现行行业标准《建筑地面工程防滑技术规程》JGJ/T 331 规定的 Ad、Aw 级或按水平地面等级提高一级, 并采用防滑条等防滑构造技术措施;

4）室外地面应同时兼顾夏季防滑和冬季防滑。

【应用说明】

室外及室内潮湿地面工程防滑性能应符合表 4-1 的规定。室内干态地面工程防滑性能应符合表 4-2 的规定。[1]

室外及室内潮湿地面工程防滑性能	表 4-1
工程部位	防滑等级
坡道、无障碍步道等	
楼梯踏步等	Aw
公交、地铁站台等	

工程部位	防滑等级
建筑出口平台	Bw
人行道、步行街、室外广场、停车场等	Bw
人行道支干道、小区道路、绿地道路及室内潮湿地面（超市肉食部、菜市场、餐饮操作间、潮湿生产车间等）	Cw
室外普通地面	Dw

注：Aw、Bw、Cw、Dw 分别表示潮湿地面防滑安全程度为高级、中高级、中级、低级。

室内干态地面工程防滑性能 表 4-2

工程部位	防滑等级
站台、踏步及防滑坡道等	Ad
室内游泳池、厕浴室、建筑出入口等	Bd
大厅、候机厅、候车厅、走廊、餐厅、通道、生产车间、电梯廊、门厅、室内平面防滑地面等	Cd
室内普通地面	Dd

注：Ad、Bd、Cd、Dd 分别表示干态地面防滑安全程度为高级、中高级、中级、低级。

【参考文献】

[1] JGJ/T 331-2014，建筑地面工程防滑技术规程 [S].

4.3.7 场地宜采取人车分流设计。

【应用说明】

步行和自行车交通系统照明应以路面平均照度、路面最小照度和垂直照度为评价指标，其照明标准值应不低于现行行业标准《城市道路照明设计标准》（CJJ 45）的有关要求。[1]

居住小区人车分流道路系统包括三种基本模式：（1）平面分流。通过对道路的专门化设计，建立自成系统的专用道路网络，引导各种交通各行其路、互不干扰。（图 4-18）（2）内外分流。雷德朋（Radburn）模式。（图 4-19）（3）立体分流。通过建立在立体空间不同层面上的道路系统来实现人车分行。[2]（图 4-20）

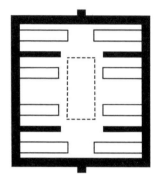

图 4-18　平面分流示意图

（资料来源：张鹏，矫恒涛，李兵营．关于居住小区"人车分流"道路系统的规划探讨——以山东科技大学教职工公寓区规划为例 [J]．青岛理工大学学报，2005（06）：60-63.）

图 4-19　雷德朋（Radburn）模式示意图

（资料来源：Martin, Michael David. Returning to Radburn. Landscape Journal, 2001. 2：156-75.）

图 4-20　北京北潞园小区人行天桥立体分流

（资料来源：https://esf.fang.com/newsecond/news/23415320.htm）

【拓展信息】

融合型路网（fused grid）

融合型路网于 2002 年被提出，（图 4-21）其后被应用在加拿大斯特拉特福市（Stratford，2004）和卡尔加里市（Calgary，2006）。融合型路网结合了两种路网模式的长处：棋盘式街道（Grid）以及城市郊区常用的雷德朋模式（Radburn）。

该类型居住区的道路布局采用月牙形街道或者死胡同形式，以消除过境车流，同时通过一些尽端和较曲折的低等级道路连接居住小区与公园、公交车站、商业区以及社区设施，便利居住区内的慢行活动，居民可以在大约五分钟内步行穿过一个街区，且不受外部车行交通的干扰。[2]（图 4-22）

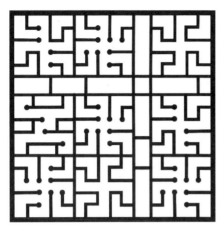

图 4-21　融合型路网示意图

（资料来源：https://en.wikipedia.org/wiki/Fused_grid）

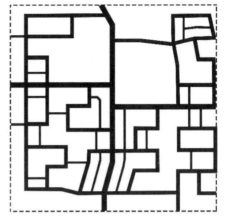

图 4-22　加拿大斯特拉特福市的融合型路网居住区

（资料来源：张鹏，矫恒涛，李兵营．关于居住小区"人车分流"道路系统的规划探讨——以山东科技大学教职工公寓区规划为例 [J]．青岛理工大学学报，2005（06）：60-63.）

【参考文献】

[1]　CJJ45，城市道路照明设计标准 [S].

[2]　张鹏，矫恒涛，李兵营．关于居住小区"人车分流"道路系统的规划探讨——以山东科技大学教职工公寓区规划为例 [J]．青岛理工大学学报，2005（06）：60-63.

4.3.8　公共区域及供老年人、残疾人或儿童使用的空间，应无明显棱角或尖锐突出物，宜设避免磕碰的保护措施，并合理设置安全抓杆或扶手等可供安全撑扶的设施。应考虑地域气候特征，抓杆扶手等产品的表面宜使用导热系数低的材料。

【应用说明】

面临我国人口老龄化的趋势，建筑师在设计中需要更多地考虑适老设施的设计。考虑到老年人各项身体机能有所衰退，居住建筑的公共区域应该采取相应的措施，为老年人的活动提供安全、便利的环境。同时，作为公共区域，也应考虑到残疾人、儿童等易受伤的人群的安全。在老年人、残疾人、儿童经常活动的区域，地面应采取防滑铺装；在通道有高差处，应设置坡道或缓坡；在墙面等易接触面不应有明显棱角或尖锐突出物。[1]

【典型案例】

1. 法国于南格（Huningue）老年之家

于南格（Huningue）老年之家是一栋位于河畔的老年疗养所。建筑的公共空间采用温暖的红色陶土砖和木材，鼓励人们停下交流。不同功能区域通过大面积的材质划分，便于老人识别。居住区域的公共空间采用木材铺地，并且设有许多不同类型的座椅供住户坐下休息或交谈，走廊的墙面安装有安全抓杆。

图 4-23　走廊墙面的安全抓杆

（资料来源：https://www.gooood.cn/housing-for-elderly-people-in-huningue-by-dominique-coulon-associes.htm）

2. 东京四代人的家

这是一栋给四代人居住的住宅，业主的父母和祖母都已经是或即将步入老年。住宅主要使用木材制成，创造了温馨舒适的生活氛围。除了玄关和必要的楼梯，各空间地面连续，没有任何障碍，方便老人和孩童使用。除了每个家庭成员都有的私人房间，还在二层设置了一面开放的公共区域，促进几代人之间的交流，亦可以帮助解决老年人缺乏社会联系、孤单的问题。楼梯的扶手以及二层的防护网可以保证老年人在家中的安全。（图4-24、图4-25）

图4-24　防护网　　　　　　　　　图4-25　楼梯扶手

（资料来源：https://www.gooood.cn/renovation-of-a-multi-generation-house-by-tomomi-kito-architect-associates.htm）

【参考文献】

[1]　T/ASC02-2016，健康建筑评价标准 [S].

　　4.3.9　场地景观设计时，应选择种植对人安全无害、少维护、少病虫害、抗污染的植物。

【应用说明】

　　在对住宅项目场地自然资源进行调查后，应充分利用场地原有的生态景观，尽量减少对原有植被的破坏，使场地内外形成完整的生态系统。[1] 在进行景观植物种植时，宜选用适合本地气候环境的植物，有利于减少维护成本。在进行绿化景观设计时，应注意植物配置层次性、植物搭配的季节性、植物与建筑物的协调性。[2] 夏热冬冷地区四季分明，应注意在住宅绿地等活动空间种植常绿乔木阻挡冬季风，种植高大的落叶乔木既能满足夏季遮阴的要求，又能在冬季获得充足的日照。[3] 夏热冬冷地区不同城市的气候也略有不同，应针对不同城市的气候特点选择植物。上海地区居住环境常用园林植物种类见附录[4]。（表4-3）

一些有毒植物因其观赏性高，在居住区中也进行了栽种，但易被居民触摸甚至是误食，导致中毒症状。因此，对于居住区中有毒有害植物，宜采取下列措施：（1）设置警示标识，避免误食；（2）在社区中进行有毒有害植物知识的普及宣传；（3）不使用毒性大、毒理不清且较难防治的植物；（4）避免在儿童活动场地种植有毒有害植物；（5）在居住区的道路两侧不要种植低矮的、有刺的有毒植物，特别是色彩鲜艳的种类。居住区中常见的有毒植物见表4-3。[5]（表4-4）

上海地区居住环境常用园林植物种类汇总表　　　　表4-3

分类	规格	树种
常绿乔木	大乔木（21m～30m）	雪松、白皮松、五针松、柳杉、日本柳杉、墨杉、柏木、香榧、猴樟、大叶樟、银杏、毛竹、乐昌含笑
	中乔木（11m～20m）	侧柏、桧柏、龙柏、罗汉松、杨梅、蚊母、石楠、冬青、铁冬青、红果冬青、杜英、大叶冬青、金合欢、山茶、桂花、女贞、油橄榄、刚竹、棕榈、深山含笑
	小乔木（6m～10m）	含笑、月桂、枇杷、香橼、香泡、柑橘、瓜子黄杨、枸骨、大叶黄杨、厚皮香、小叶女贞、珊瑚、紫竹、椤木石楠、红花橙木
落叶乔木	大乔木（21m～30m）	银杏、池杉、水杉、落羽杉、中山杉、毛白杨、意杨、核桃、枫杨、麻栎、白榆、榔榆、榉、马褂木、杂交马褂木、枫香、悬铃木、樱花、早樱、皂荚、刺槐、国槐、臭椿、千头椿、重阳木、黄连木、七叶树、喜树、泡桐
	中乔木（11m～20m）	旱柳、垂柳、金丝柳、朴树、珊瑚朴、桑树、白玉兰、杜仲、合欢、紫荆、苦楝、无患子、栾树、黄山栾树、枳椇、青桐、白腊、梓、楸、黄金树、灯台树、四照花、楸木
	小乔木（6m～10m）	无花果、紫玉兰、山楂、木瓜、西府海棠、垂丝海棠、紫花海棠、梨、梅、桃、红叶李、榆叶梅、盘槐、蝴蝶槐、平枝槐、枸桔、丝棉木、三角枫、鸡爪槭、红枫、羽毛枫、枣、柽柳、紫薇、石榴、海州常山

续表

分类	规格	树种
常绿灌木	—	南天竹、阔叶十大功劳、窄叶十大功劳、湖北十大功劳、甘坪十大功劳、火棘、金橘、雀舌黄杨、金丝桃、金丝梅、胡颓子、茂树、熊掌木、桃叶珊瑚、洒金桃叶珊瑚、白毛杜鹃、锦绣杜鹃、夏鹃、紫鹃、杂交杜鹃、黄馨、探春、夹竹桃、栀子、雀舌栀子、六月雪、白马骨、伞房决明、双荚决明、龟甲冬青、茶梅、大花六道木、金叶大花六道木、青云实、奥地利英莲、亮叶忍冬、女贞忍冬、金边小叶女贞、孝顺竹、箬竹、凤尾竹、翠竹、菲白竹、凤尾兰、豪猪刺、紫金牛、朱砂根
落叶灌木	—	腊梅、亮叶腊梅、山梅花、溲流、八仙花、麻叶绣球、红花绣线菊、粉花绣线菊、金山绣线菊、金焰绣线菊、棣棠、重瓣棣棠、月季、玫瑰、丰花月季、贴梗海棠、木瓜海棠、倭海棠、郁李、匍匐枸子、白鹃梅、喷雪花、笑靥花、山麻杆、卫矛、光衣卫矛、木槿、海滨木槿、玫瑰木槿、木芙蓉、结香、醉鱼草、迎春、黄金条、丁香、黄荆、牡荆、枸杞、斗球、锦带花、红皇子锦带花、金银木、接骨木、金叶接骨木、红瑞木、冰生溲流、矮生紫薇、小檗、紫叶小檗
常绿藤本	—	常绿油麻藤、鸡血藤、常春藤、络石、辟荔、金银花、京久红忍冬、金樱子、扶芳藤、西番莲、蔓长春花、南蛇藤、花叶蔓长春、珍珠莲
落叶藤本	—	蔷薇、十姐妹、藤本月季、木香、紫藤、葡萄、爬山虎、猕猴桃、凌霄、美国凌霄、云实
水生植物	—	荷花、睡莲、千屈菜、水葱、芦竹、花叶芦竹、芦苇、水生鸢尾、溪荪、芡实、荸荠、慈菇、菱、水烛、灯芯草、雨久花、花蔺、再力花、旱伞草、水菖蒲、野茭白、金钱蒲、荇菜

（资料来源：上海市《住宅建筑绿色设计标准》DGJ 08-2139-2014 附录 C）

<h3 style="text-align:center">居住区中常见的有毒植物</h3>

表 4-4

分类	植物名称
乔木	女贞、枇杷、石榴、国槐、刺槐
灌木	荞草、南天竹、马缨丹、夹竹桃、黄花夹竹桃、黄蝉、软枝黄蝉、化香
藤本	茑萝、龟背竹
草本	紫茉莉、虞美人、酢浆草、牵牛花、万年青、龙舌兰、文殊兰、水仙、朱顶红、海芋、花叶万年青

（资料来源：查勇星，胡青青 . 浅议居住区中的有毒植物 [J]. 华东森林经理，2011，25（01）: 50-53.）

【参考文献】

[1]　GB/T 50378-2019, 绿色建筑评价标准 [S].

[2]　刘丽萍.上海经济适用房居住小区绿化设计与种植管理 [J].中国园艺文摘,
　　　2011, 27 (10): 88-89.

[3]　谭瑛, 张振.我国夏热冬冷地区的城市绿地设计初探 [J].建筑与文化, 2012
　　　(12): 98-99.

[4]　DGJ 08-2139-2014, 住宅建筑绿色设计标准 [S].

[5]　查勇星, 胡青青.浅议居住区中的有毒植物 [J].华东森林经理, 2011, 25 (01):
　　　50-53.

4.4　结构安全耐久

4.4.1　建筑应根据所在地域的抗震设防类别、抗震设防烈度,对整个结构、结构的局部关键部位、结构的关键构件、重要构件以及建筑构件和机电设备支座采取抗震性能化设计并合理提高建筑的抗震性能。

【应用说明】

我国住宅常见结构有砖混结构、框架结构、剪力墙结构、框架—剪力墙结构以及钢结构。随着高层住宅的普及,高层建筑的结构抗震设计愈加重要。

在进行高层住宅建筑结构抗震设计时,需要注意以下要点(1)结构规则性:平立面简单且对称的结构类型具有较好的抗震性能。(2)层间位移限制:高层建筑高宽比较大,需避免其在风力和地震作用下产生过大的层间位移。(3)控制地震扭转效应:当建筑结构的平面布置等不规则建筑结构刚度中心不重合,当周期比不满足要求时可采用加大抗侧力构件截面,并应将抗侧力构件尽可能地均匀布置在建筑四周,增加抗侧力构件数量的方法。[1]进行建筑设计时,应重视平面、立面和剖面的规则性,利于抗震性能的提高,满足经济合理性。不规则建筑的抗震设计应符合《建筑抗震设计规范》GB 50011-2010 中第 3.4.4 条的有关规定。[2]

抗震设计方法，大体可分为两类。一类是加强建筑物的刚度和强度的方法，即"强度抵抗型设计"。另一类为以增加建筑物的塑性变形性能来吸收和消耗地震输入能量的方法，即"延性效果设计"。前者仅被应用于数层的剪力墙混凝土结构，后者在高层建筑中得到了广泛使用。[3]

【典型案例】

成都驿园高层住宅结构抗震设计

成都驿园由 2 层裙房相连的高 79.15m 的塔楼 B 和高 76.25m 的 2 栋塔楼 A 组成，呈"L"形布局，采用钢筋混凝土框支—剪力墙结构体系，属 A 级复杂高层建筑。在结构设计中，针对超长地下室温度应力、混凝土收缩引起的变形，采取了一系列技术处理措施。[4]（图 4-26）

根据底部 2 层裙房大空间布置和上部住宅的要求，工程采用框支—剪力墙结构体系。为保证下部能最大限度实现大空间的功能，设计中把转换层设在第 3 层顶板处，采用梁式转换，结构受力途径明确。

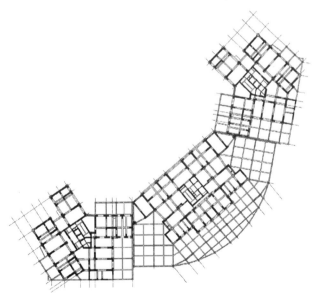

图 4-26　高程 10.4m 转换梁平法（平面整体表示法）施工示意图

（资料来源：万忠伦. 成都驿园高层住宅结构抗震设计 [J]. 铁道建筑，2008（12）：107-109.）

【拓展信息】

日本抗震建筑的免震结构和制震结构

日本作为地震多发国家，其建筑结构抗震的工程技术经验可以给我国建筑结构抗震设计带来启示。免震结构和制震结构是日本抗震建筑常用结构。

（1）免震结构

免震结构是在建筑物的下部设置既能支撑建筑物本体重量，又具有在水平方向自由变形能力的免震层，将地震时产生的水平变形集中于免震层。在免震层中，设置用于吸收和消耗地震输入能量的阻尼器（图4-27）。免震层和阻尼器总称为免震部件。

（2）制震结构

制震结构是在建筑物的内部设置阻尼器，这些阻尼器随着建筑物的变形和运动速度而发挥其衰减作用。这些阻尼器多种多样，有已经被使用的，也有还未被用上的。有以大地震为对象的，也有以抗中小地震和强风以及提高居住性等为目的。

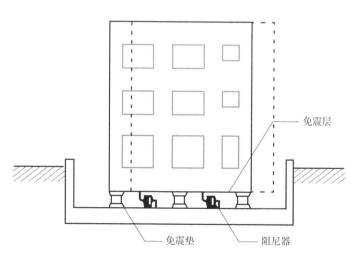

免震层
免震垫 阻尼器

图4-27 免震建筑示意图

（资料来源：和田章、李大寅、吴东航. 日本建筑的抗震结构与免震、制震结构 [J]. 环境保护，2008（11）: 92-94.）

【参考文献】

[1]　刘建政.住宅高层建筑结构抗震的优化设计 [J].建筑设计管理,2012,29（02）:56-57.

[2]　GB 50011-2010,建筑抗震设计规范 [S].

[3]　和田章,李大寅,吴东航.日本建筑的抗震结构与免震、制震结构 [J].环境保护,2008（11）:92-94.

[4]　万忠伦.成都驿园高层住宅结构抗震设计 [J].铁道建筑,2008（12）:107-109.

4.4.2　建筑地基基础设计应结合场地实际情况,遵循就地取材、保护环境、节约资源、提高效益的原则,依据勘察成果、结构特点及使用要求,综合考虑施工条件、场地环境和工程造价等因素确定。

【应用说明】

随着工程技术的进步,同一建筑物可采取的基础形式也愈加多样化,建筑基础形式的选择需要全面考虑工程的价值,如场地环境、施工难度、施工成本等。地基基础方案选型的决策有三种方法:(1)价值工程管理法,其基本工作程序为:选择对象、收集信息、功能定义、功能研究及评价、方案创造、方案评价、方案实施。(2)模糊综合评价分析法,模糊优选理论将地基处理方案选择和评价的主观性转化为数学形式,考虑了各评价因素的重要程度,将各方案的评价指标量化分析,使评价和选择方案更加科学、合理、直观、可靠。(3)综合效益分析法,将影响方案综合效益的因素量化为工程造价,对各方案工程造价进行比较。[1]

【参考文献】

[1]　王勇生.建筑地基基础型式比选方法及应用 [J].科技风,2011（16）:209.

4.4.3 宜采用高耐久的结构体系和灵活可变的使用空间设计，可采用建筑结构与设备管线分离的方式，提高居住建筑的适应性。

4.4.4 建筑应根据功能需求设计结构保护层，考虑耐候性、耐腐蚀性、防蚁防虫等因素的影响。

4.4.5 当具备经济、技术条件时，宜选用具备成熟方案的装配式结构。

【应用说明】

在《上海市工业化住宅建筑评价标准》DG/TJ 08-2198 中将工业化住宅建筑表述为采用标准化设计、工厂化生产、装配化施工、一体化装修和信息化管理等为主要特征的工业化生产方式建造的住宅建筑。在该标准中对工业化住宅的评价内容进行了详细阐述。《建筑模数协调标准》GB/T 50002 是为推进房屋建筑工业化，实现建筑或部件的尺寸和安装位置的模数协调而制定的，该标准对建筑中主体结构、内装部件和外装部件的模数进行了说明。当设计条件允许时，应该优先考虑工业化住宅体系作为住宅设计建造的体系。

【典型案例】

万科工业化住宅施工案例——南京市江宁区上坊保障房项目

该工程 6-05 栋位于该项目 4 号地块的东北角。整栋建筑为 15 层全预制装配式框架——钢支撑结构，建筑高度 45m，总建筑面积 $10380.59m^2$，其中地下建筑面积 $655.98m^2$，地上建筑面积 $9724.6m^2$。（图 4-28）该项目通过整合与创新，实现了无外脚手架，无现场砌筑、无抹灰的绿色施工。全预制装配整体式钢筋混凝土框架加钢支撑结构使得项目装配率达 81.3%，是目前国内全预制装配结构高度最高、预制整体式技术集成度最高的工业化住宅。其工业化体系的主要亮点为：

（1）结构体系创新，实现了结构体系全预制装配化。

该工程为了提高结构的抗震性能及预制率，采用了新型预制框架——钢支撑结构体系。取消了需要现浇的剪力墙，代之以钢斜撑，既保证了结构的抗震性能，又提高了结构的预制率。在高层建筑中实现了主要结构构件柱、梁、板的全部预制装配整体化，和其他结构构件、楼梯、阳台、女儿墙等的全预制化，结构预制构件的预制率约为 75%。

（2）创新性的预制构件连接节点设计。

该工程在行业标准《预制预应力混凝土装配整体式框架结构技术规程》JGJ 224-2010 的基础上，对部分预制构件、梁柱连接节点进行了优化设计，取得了很好的效果。

（3）预制量叠合层钢筋在框架柱内的锚固由传统弯曲锚固改为螺纹连接锚板形式，避免了梁柱钢筋碰撞绑扎困难的问题。

（4）内墙及有保温的墙体采用蒸压轻质加气混凝土隔墙板（NALC），该材料自重轻，强度高，具有自保温性能，可自行防水。项目还采用其他新型材料填充墙体系，实现了无砌筑、无抹灰作业。

（5）工程项目采用成品橱柜与整体式卫生间。

（6）建筑采用阳台壁挂式太阳能热水器。

图 4-28　万科工业化住宅施工案例——南京市江宁区上坊保障房项目

（资料来源：http://www.najalc.cn/shownews.asp?id=357）

4.5 材料耐久

4.5.1 建筑宜通过以下方式提高结构体系的耐久性：

1）宜合理采用高性能混凝土，或提高钢筋保护层厚度，提高混凝土构件的耐久性；

2）合理采用高耐久性钢结构材料，暴露于大气中的钢结构宜采用耐候结构钢或涂刷耐候型防腐涂料。

【应用说明】

结构的环境影响种类根据环境侵蚀程度可分为：生物作用、与气候等相关的物理作用、与建筑物内外人类活动相关的物理作用、介质的侵蚀作用、物理与介质的共同作用。[1] 钢结构防腐蚀设计可参考《建筑钢结构防腐蚀技术规程》JGJ/T 251-2011[2]。

《耐候结构钢》GB/T 4171-2008 中规定了耐候结构钢的尺寸、外形、重量及允许偏差、技术要求、试验方法、检验规则、包装、标志及质量证明书。耐候钢是指通过添加少量的合金元素，如 Cu、P、Cr、Ni 等，使其在金属基体表面上形成保护层，具有较高耐大气腐蚀性能的钢。[3]

【参考文献】

[1] GB 50068-2018，建筑结构可靠性设计统一标准 [S].

[2] JGJ/T 251-2011，建筑钢结构防腐蚀技术规程 [S].

[3] GB/T 4171-2008，耐候结构钢 [S].

4.5.2 宜采用耐久性好、易于维护和改造的装饰装修材料。

4.5.3 应根据位置、使用年限等因素，选用耐腐蚀、抗老化、耐久性能好的管材、管线、管件及其他设备设施，并选择易于检修和更换的连接构造方式。

5 健康舒适设计

5.1 一般规定

5.1.1 建筑设计应选择环保健康绿色建材及部品以保障建成后的室内空气质量。

【应用说明】

《室内空气质量标准》GB/T 18883 适用于住宅和办公建筑物;标准中规定了室内空气质量参数及检验方法,其中第 4 条对室内空气质量标准有明确的规定(表 5-1)。

室内空气质量标准　　　　　　　　　　表 5-1

序号	参数类别	参数	单位	标准值	备注
1	物理性	温度	℃	22 ~ 28	夏季空调
				16 ~ 24	冬季采暖
2		相对湿度	%	40 ~ 80	夏季空调
				30 ~ 60	冬季采暖
3		空气流速	m/s	0.3	夏季空调
				0.2	冬季采暖
4		新风量	$m^3/(h \cdot 人)$	30[a]	
5	化学性	二氧化硫 SO_2	mg/m^3	0.50	1 小时均值
6		二氧化氮 NO_2	mg/m^3	0.24	1 小时均值
7		一氧化碳 CO	mg/m^3	10	1 小时均值
8		二氧化碳 CO_2	%	0.10	日平均值

续表

序号	参数类别	参数	单位	标准值	备注
9	化学性	氨 NH_3	mg/m^3	0.20	1 小时均值
10		臭氧 O_3	mg/m^3	0.16	1 小时均值
11		甲醛 HCHO	mg/m^3	0.10	1 小时均值
12		苯 C_6H_6	mg/m^3	0.11	1 小时均值
13		甲苯 C_7H_8	mg/m^3	0.20	1 小时均值
14		二甲苯 C_8H_{10}	mg/m^3	0.20	1 小时均值
15		苯并 [a] 芘 B（a）P	mg/m^3	1.0	日平均值
16		可吸入颗粒 PM10	mg/m^3	0.15	日平均值
17		总挥发性有机物 TVOC	mg/m^3	0.60	8 小时均值
18	生物性	菌落总数	cfu/m^3	2500	依据仪器定[b]
19	放射性	氡 ^{222}Rn	Bq/m^3	400	年平均值（行动水平[c]）

a 新风量要求≥标准值，除温度、相对湿度外的其他参数要求≤标准值；

b 见附录 D；

c 达到此水平建议采取干预行动以降低室内氡浓度。

（资料来源：《室内空气质量标准》GB/T 18883）

5.1.2 居住建筑公共区域和建筑主出入口处应有小区平面标示及公告宣传栏。

5.1.3 应采取措施保障室内热环境，围护结构热工性能应按照以下要求进行设计：

1）设计须确保围护结构避免冷热桥问题；

2）供暖建筑外墙和屋面内部不应产生冷凝；

3）屋顶和外墙隔热性能应满足现行国家标准《民用建筑热工设计规范》GB 50176 的要求。

【应用说明】

《民用建筑热工设计规范》GB 50176 中第 6 条围护结构隔热设计中，6.1 条和 6.2 条分别对外墙和屋面的隔热设计做了详细规定。6.1 条中外墙隔热设计对外表面、内表面的最高温度进行了规定，列举了一些隔热措施。6.2 条屋面隔热设计中对屋面内表面的最高温度进行了规定，说明了种植屋面的相应要求——种植屋面的布置应使屋面热应力均匀、减少热桥，未覆土部分的屋面应采取保温隔热措施使其热阻与覆土部分接近。[1]

【参考文献】

[1] GB 50176，民用建筑热工设计规范 [S].

5.1.4 建筑应采取措施优化主要功能房间的室内声环境与光环境。

【应用说明】

《民用建筑隔声设计规范》GB 50118 第 4 条住宅建筑中 4.1 对卧室、起居室（厅）内的允许噪声级要求如表 5-2 所示：

卧室、起居室（厅）内的允许噪声级　　　　表 5-2

房间名称	允许噪声级（A 声级，dB）	
	昼间	夜间
卧室	≤ 45	≤ 37
起居室（厅）	≤ 45	

（资料来源：《民用建筑隔声设计规范》GB 50118）

住宅室内允许噪声级标准，是对住宅楼内、外噪声源在住宅卧室、起居室（厅）产生的噪声的总体控制要求。其中 4.1.1 条的标准是所有住宅都要达到的最低要求标准。

《民用建筑隔声设计规范》GB 50118 第 4 条住宅建筑中 4.2 对隔声标准做了规定，其中隔声标准分为空气声隔声和撞击声隔声两大类，空气隔声包括对分户构件、房间之间、外窗、外墙户（套）门和户内分室墙的空气隔声性能进行了规定，撞击隔声则对卧室、起居室（厅）的分户楼板的撞击声隔声性能进行了规定。[1]

【参考文献】

[1] GB 50118，民用建筑隔声设计规范 [S].

5.1.5 应采取措施保证城市居民生活用水的水质。

5.2 室内空气质量

5.2.1 夏热冬冷地区城镇居住建筑设计选用的装饰装修材料宜满足国家现行绿色产品评价标准中对有害物质限量的要求，优先选用可再生循环材料、以废弃物为原料的材料、速生材料、本地的建筑材料或耐久性好、易维护的材料。

【应用说明】

绿色产品评价标准是对产品，也就是成品绿色评价制定的标准。绿色产品评价是对整个产品整个生命周期过程，对资源能源消耗、生态环境影响、人体健康安全等因素进行的评价。绿色产品评价国家标准共有 14 项，除去评价通则，材料内容涉及人造板和木质地板、涂料、卫生陶瓷、建筑玻璃、墙体材料、家具、绝热材料、防水与密封材料、陶瓷砖（板）、纺织产品、木塑制品、纸和纸制品12 项内容（表 5–3）。

我国绿色产品评价标准 表 5–3

序号	标准号	标准名称
1	GB/T 33761–2017	绿色产品评价通则
2	GB/T 35601–2017	绿色产品评价 人造板和木质地板
3	GB/T 35602–2017	绿色产品评价 涂料
4	GB/T 35603–2017	绿色产品评价 卫生陶瓷
5	GB/T 35604–2017	绿色产品评价 建筑玻璃
6	GB/T 35605–2017	绿色产品评价 墙体材料

续表

序号	标准号	标准名称
7	GB/T 35606–2017	绿色产品评价 太阳能热水系统
8	GB/T 35607–2017	绿色产品评价 家具
9	GB/T 35608–2017	绿色产品评价 绝热材料
10	GB/T 35609–2017	绿色产品评价 防水与密封材料
11	GB/T 35610–2017	绿色产品评价 陶瓷砖（板）
12	GB/T 35611–2017	绿色产品评价 纺织产品
13	GB/T 35612–2017	绿色产品评价 木塑制品
14	GB/T 35613–2017	绿色产品评价 纸和纸制品

（资料来源：编者整理）

　　如何进行室内污染物浓度预评估？规范参考依据包括《绿色建筑评价标准》GB/T 50378–2019、《室内空气质量标准》GB/T 18883、《住宅建筑室内装修污染控制技术标准》JGJ/T 436、《公共建筑室内空气质量控制设计标准》JGJ/T 461、《绿色建筑评价技术细则 2019》。模拟可分为装修污染物浓度和颗粒物浓度，模拟条件根据项目所在地经纬度，动态计算时区值（1 月 1 日至 12 月 31 日），和逐时变化的室外颗粒物浓度参数、室外颗粒物 PM2.5 浓度、室外颗粒物 PM10 浓度并以稳态扩散的方式计算室内气体污染物，模拟整个楼层范围，并以全楼最不利值统计模拟结果。根据《绿色建筑评价标准》GB/T 50378–2019、《室内空气质量标准》GB/T 18883 的控制项要求获得评分。

　　可参考中国建筑科学研究院有限公司开发，用建筑空气质量设计评价软件计算获得的《绿色建筑室内污染物浓度预评估分析报告》（应用版本：20200331）[1]

【参考文献】

[1]　中国建筑科学研究院有限公司 . 绿色建筑室内污染物浓度预评估分析报告 [DB/OL].https://max.book118.com/html/2020/0421/7151124054002131.shtm

5.2.2 设计时应采取措施避免厨房、卫生间、地下车库等区域的空气和污染物串通到其他空间，应防止厨房、卫生间的排气倒灌。

【应用说明】

避免厨房、餐厅、打印复印室、卫生间、地下车库等区域的空气和污染物串通到室内其他空间，为此要保证合理的气流组织，采取合理的排风措施避免污染物扩散，将厨房和卫生间设置于建筑单元（或户型）自然通风的负压侧，防止厨房或卫生间的气味进入室内而影响室内空气质量。同时，可以对不同功能房间保证一定压差，避免气味或污染物串通到室内其他空间。如设置机械排风，应保证负压，还应注意其取风口和排风口的位置，避免短路或污染。[1]

应对厨房污染物的设计策略：

在相同窗台高度，相同窗与油烟机的距离的情况下，窗口与油烟机分布在相邻侧时污染物分布情况相对较好，而窗口与油烟机分布在侧墙壁时最不利于污染物的排放。

厨房窗台高度越高越不利于污染物的排放，根据《住宅设计规范》（GB 50096-1999）2011 版可知：临空的窗台高度低于 0.8m 时应采取相应的防护措施，防护高度由楼地面起计算不应低于 0.8m。[2] 考虑到建筑美观及相关规范的要求，建议选择窗台高度为 0.8m。

虽然随着油烟机与窗口的距离的增大，厨房内人体呼吸区的污染物浓度越小，但是当油烟机与窗口的距离增加到一定距离时厨房内人体呼吸区的污染物浓度变化的幅度不大。通过模拟分析认为油烟机与窗口距离为 1.8～2.0m 时比较合适。

【参考文献】

[1] DGJ 08-2139-2018，住宅建筑绿色设计标准 [S].

[2] GB 50096-1999，住宅设计规范 [S].

5.2.3 夏热冬冷地区城镇居住建筑宜通过采用气密性好的围护结构类型、对通风系统及空气净化装置进行合理设计和选型、隔断厨房等室内颗粒物污染源。

5.3 水质

5.3.1 建筑应采取下列措施保证生活饮用水水池、水箱等储水设施的卫生要求：

1）采用成品不锈钢保温水箱，有条件时，高位水箱宜设置在室内，且符合现行国家标准《生活饮用水输配水设备及防护材料的安全性评价标准》GB/T 17219 的有关规定；

2）采取保证储水不变质的措施，如设计选用分隔的储水设施、溢流管及通气管口采取防止生物进入的措施等。

5.3.2 给水排水管道、设备、设施宜设计明确、清晰的永久性标识，当采用非金属排水管道时，管道宜安装于阳光辐射不能直接照射到的地方。

5.4 光环境

5.4.1 建筑群体组合及朝向布局应满足国家及所在地的日照标准，并应符合相应城市规划管理的规定。

5.4.2 建筑规划布局、建筑的体形、朝向、楼距应充分利用天然采光，房间的有效采光面积和采光系数除应符合国家现行标准《民用建筑设计通则》GB 50352 和《建筑采光设计标准》GB/T 50033 的要求外，宜满足下列要求：

1）居住建筑的起居室和卧室的窗地比达到 1/6；

2）利用自然采光时应避免产生眩光；

3）设置遮阳措施时应满足日照和采光标准的要求。

【应用说明】

目前，国际上可以进行建筑采光分析的软件有几十种，这些软件的应用对象、计算方法和适用性各不相同，如 Radiance、Daysim、ESP-r、ADELINE、Lightswitch wizard 等软件。下面具体阐述各个软件的特点及适用性。[1]

Radiance：1984 年美国劳伦斯伯克利国家实验室（Lawrence Berkeley National Laboratory，LBNL）研发的先进光模拟软件——Radiance。这是一款在 UNIX 系统下运行的免费软件。并于 2000 年发行了 Windows 系统下的 Desktop Radiance 版本。Radiance 采用被 Ward Gregory 认为是目前较为成熟的光线跟踪算法——蒙特卡洛反光线跟踪算法（Monte Carlo backwardsray-tracing），可准确可观地模拟人工照明以及天然采光状况，因而被广泛应用。

Daysim：Daysim 是一款以 Radiance 的蒙特卡洛反向光线追踪算法为基础的动态采光模拟分析软件。这款软件虽然没有建模功能，但是有接口可与 AUTOCAD，ECOTECT、SketchUp 等软件进行连接，简单易行。Daysim 软件以 Tregenza 提出的日光指数法（daylight coefficientmethod）为计算方法。采用 Perez 天空模型，能够进行采光的瞬时动态模拟，且结果能够客观反映光环境真实情况，且结果精确度较高。

ESP-r：ESP-r 由斯特拉斯克莱德大学能源研究中心（Energy System Research Unit）开发，是一款综合性强的建筑环境分析软件。该软件具备简单的建模功能，可通过端口实现与 EnergyPlus、Radiance 等评估软件的相互转换。ESP-r 最大的优势是综合分析性能，可对标准、革新前沿技术进行模拟分析。在建筑采光模拟 ESP-r 以 Radiance 为插件来实现，准确性与 Radiance 相同。

ADELINE 由德国弗劳恩霍夫建筑物理研究所开发。该软件可对整个建筑的天然采光、人工照明分析结果做出综合评价，并通过图表的形式展示分析结果，提供室内采光状况的相关信息。ADELINE 可以建立模型，具有强大的细化修改模型的能力，同时能与其他天然采光模拟软件进行转换。ADELINE 还提供了不同遮阳方式供采光工作者使用，并能对人工照明需求量的准确率和提高模拟室内天然采光的准确率进行相关设置。ADELINE 是基于 CIE 四种标准天空模型来进行模拟计算的，但其计算并不是完全依据天然采光数据，而是根据统计学的天空条件的计算数据。具体计算过程可以分为两步：1）根据 CIE 全阴天天空、晴天天空和没有太阳光这三种天空条件下每月十五号的天然采光情况进行模拟，分别计算；2）以实际天然光变化情况为依据，对不同的天空条件下天然光状况进行混合计算。因而其动态模拟的准确性较差。

Lightswitch Wizard：Lightswitch Wizard 由加拿大研究委员会、加拿大自然资源部合作研发，是通过网络进行天然采光模拟计算的工具，优点是其简单易学，计算过程时间短。Lightswitch Wizard 不能建模，只能通过接口导入模型，其他软件模拟结果也可以通过接口导入 Lightswitch Wizard 中，进而计算建筑室内的全年动态天然采光情况。Lightswitch Wizard 采用与 Radiance 相同的蒙特卡洛反向光线跟踪算法，具有一定的计算精度。但它在计算过程中有以下缺点：1）室外阴影被忽略；2）窗框未被模拟；3）遮阳措施无法精确模拟；4）忽略家具。基于网络技术是 Lightswitch Wizard 最大的弊端，使其难于计算较为复杂的模型，仅适合于简单模型的模拟计算。（表 5-4）

常见的采光模拟软件的比较 表 5-4

软件	建模能力	结果	优势	不足
Daysim	无建模能力；可与 AUTOCAD、ECOTECT 转换	数据	考虑有人员作息、人员需求和行为、遮阳控制系统和人工照明控制等方面	无建模能力；无直观图像，需 ECOTECT、Excel、Radiance 生成图标
Adeline	一定的建模能力；与其他软件相互转换；细化模型	图表	模拟多种遮阳方式；可对准确率进行设置	依据 Szeman 的统计学天空条件进行计算，准确性较差
ESP-r	一定的建立模型的能力	数据	综合分析性能，包括自然通风、日光利用、污染物分布、组合热能、电力能源产生板等进行分析	利用 Radiance 作为插件来实现

续表

软件	建模能力	结果	优势	不足
Lightswitch Wizard	无单独建模能力	数据	简单易学；节省计算时间	忽略室外阴影、家具；无法模拟窗框；无法精确模拟遮阳措施；模拟复杂模型吃力

（资料来源：吴子敬.全年动态建筑采光与能耗模拟方法研究 [D]. 沈阳建筑大学，2016.）

目前的采光模拟软件中大部分都以 Radiance 作为内核，且 Radiance 被国内外学者广泛地用在各方面的采光研究中，该款软件得到了学术界的广泛认可。Ayca Kirimtat 的研究表明 Radiance 的利用率占 11 个百分点，且广泛地用于各个类型的建筑采光研究中（图 5-1）。[2]

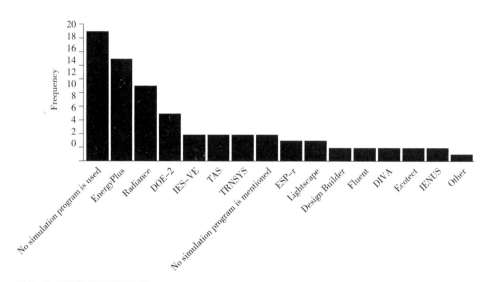

图 5-1　模拟软件利用率比较

（资料来源：Ayca Kirimtat，Basak Kundakci Koyunbaba，Ioannis Chatzikonstantinou，Sevil Sariyildiz. Review of simulationg modeling for shading device in building. Renewable and Sustainable Energy Reviews 53（2016）23-49.）

【参考文献】

[1]　吴子敬.全年动态建筑采光与能耗模拟方法研究 [D]. 沈阳建筑大学，2016.

[2]　Ayca Kirimtat，Basak Kundakci Koyunbaba，Ioannis Chatzikonstantinou，

Sevil Sariyildiz. Review of simulationg modeling for shading device in building. Renewable and Sustainable Energy Reviews 53（2016）: 23-49.

5.4.3 建筑主要朝向应为南向或南偏东 30° 至南偏西 30° 范围内，当建筑处于不利朝向时应采取补偿措施。

5.4.4 卧室等有私密性要求的空间宜避免视线干扰。

5.4.5 楼梯间、电梯候梯厅宜有自然通风和自然采光，地下空间宜引入自然采光。

5.4.6 室内照明设计应满足《建筑照明设计标准》GB 50034、《绿色照明检测及评价标准》GB/T 51268 等相关标准的规定。

5.4.7 应采用技术手段控制小区景观照明的灯光效果，控制光照强度，通过光计与时计功能控制照明时间。宜结合景观照明，设计太阳能或风能昆虫诱杀灯，太阳能、风能景观照明灯的比例应不低于 30%。

5.5 声环境

5.5.1 建筑应采取必要的设计措施提高外墙、分户墙的隔声性能和分户楼板的撞击声隔声性能，应选用隔声性能好的外窗、入户门。

【应用说明】

分户隔声应符合下列要求：

1. 分户墙和楼板的空气声隔声性能，其计权隔声量与粉红噪声频谱修正量之和（Rw+C）>50dB，计权标准化声压级差与粉红噪声频谱修正量之和（Dnt, w+C）≥ 50dB；

2. 分户楼板计权标准化撞击声隔声压级 L'nt, w ≤ 70dB。在方案设计阶段，设计者需使用相关的声环境模拟软件，对方案声环境进行模拟，先期判断分户隔声是否符合以上要求。[1]

【参考文献】

[1]　T/CECS 462-2017, 健康住宅评价标准 [S].

5.5.2　应采取必要的设计措施降低设备设施的噪声对居民生活的影响，应符合以下规定：

1）公共设施设备，如变压器、水泵、风机、冷水机组、冷却塔、空调室外机、供热机组等噪声源不应与卧室、起居室等对噪声敏感的房间毗邻；

【应用说明】

设备运行时产生的噪声会对生活品质带来非常大的影响，在建筑平面当中可从增加设备到主要使用房间的距离、增加维护结构隔声性能、降低设备震动等方法提升设备隔声性能。在建筑总平面当中，可采用增加设备到建筑的距离、设置声屏障等方法降低噪声[1]。

【参考文献】

[1]　T/CECS 462-2017, 健康住宅评价标准 [S].

2）公共和户用设备及其管道系统应采取有效的降噪隔振措施；

3）电梯井道不得紧邻卧室布置，电梯紧邻起居室布置时，应采取有效隔声减振措施。

【应用说明】

电梯设备在运行时会产生噪声，将对卧室产生影响。但一些中小套型住宅在设计时，受客观条件限制，不得不将电梯放置在卧室旁边时，可采取双层分户墙或相关构造措施达到隔声减震的效果[1]。

【参考文献】

[1]　GB 50096-2011，住宅设计规范 [S].

5.6　热湿环境

5.6.1　建筑规划布局、建筑空间和平面布局设计应考虑改善自然通风效果；居住建筑主要功能空间的通风开口有效面积不应小于所在房间地面面积的 8%。

5.6.2　合理设计供暖空调系统，主要功能房间应具有现场独立控制的热环境调节装置，并应符合以下规定：

1）采用集中供暖空调系统时，应符合现行国家标准《民用建筑供暖通风与空气调节设计规范》GB 50736 的有关规定；

2）采用非集中供暖空调系统时，应具有保障室内热环境的措施或预留条件；

3）对非供暖空调建筑，应参照《民用建筑室内热湿环境评价标准》GB/T 50785 的相关要求，采用适应性设计方法保障不同季节室内热湿环境。

【应用说明】

设计者可根据房间实际情况合理选择使用的热环境调节装置，并应使调节装置的控制端位置合理，方便使用。[1]

【参考文献】

[1]　中华人民共和国建设部 . 绿色建筑评价技术细则（试行）[2007-08-27]. http://www.mohurd.gov.cn/wjfb/200711/t20071115_158570.html

5.6.3　建筑应设置遮阳设施，改善室内热舒适。其中，南立面透明围护结构宜设置水平式固定遮阳装置或采用建筑自遮阳方式；东西侧宜设置水平、垂直或其他可调遮阳装置。

【应用说明】

《夏热冬冷地区居住建筑节能设计标准》JGJ 134-2010 第 4.0.7 条规定：东偏北 30° 至东偏南 60°、西偏北 30° 至西偏南 60° 范围内的外窗应设置挡板式遮阳或可以遮住窗户正面的活动外遮阳，南向的外窗宜设置水平遮阳或可以遮住窗户正面的活动外遮阳。[1] 夏热冬冷地区夏季外门窗节能设计应该首选外遮阳方式。[2] 在遮阳形式的设计时，还应考虑同建筑外立面样式、构造形式相结合。

【参考文献】

[1]   JGJ 134-2010，夏热冬冷地区居住建筑节能设计标准 [S].

[2]   崔新明，廖春波 . 外遮阳系统在夏热冬冷地区住宅建筑中的应用 [J]. 住宅科技，2006（04）：42-46.

5.6.4 建筑应采取措施防止围护结构泛潮。

6 生活便利设计

6.1 一般规定

6.1.1 场地的车行、人行路线应设置合理，交通流线应顺畅，并符合绿色出行、公交优先和无障碍的要求。

【参考案例】

德国慕尼黑里姆会展新城住区

德国慕尼黑里姆会展新城住区公共交通系统以地铁为核心，城郊铁路为辅，内部以公共交通为主。住区内部道路分为集散道路和居住道路两类，其中居住道路限速 30km/h。（图 6-1，图 6-2）住区主干道旁设置辅路，并设有非机动车道，分流进入住区的车辆和人流。公共绿地仅公交车可以通行，私家车无法通行。（图 6-3）整个住区设计体现了安全导向、多种交通模式平等共享、通而不畅、出行便利和多种交通模式相互支撑的设计原则，对我国的绿色住区交通设计有着极大的借鉴价值。[1]

图 6-1 主干路道路街景

图 6-2 30km 区道路街景

图 6-3 公共绿地路段

（图片来源：刘涟涟，杨怡.德国生态新区的绿色交通规划——以慕尼黑里姆会展新城住区为例 [J].西部人居环境学刊，2018，33（02）：45-51.）

【参考文献】

[1] 刘涟涟，杨怡.德国生态新区的绿色交通规划——以慕尼黑里姆会展新城
     住区为例 [J].西部人居环境学刊，2018，33（02）：45-51.

6.1.2 地面停车设施不应占用公共活动空间；自行车停车场所应位置合理、
方便出入。

6.1.3 设计应考虑服务设施的可达性和便利性，并在场地内合理设置便民
设施和活动场地。

【应用说明】

住区配套的公共服务设施配置应符合《城市居住区规划设计标准》GB
50180-2018（以下简称《18标准》）中的相关要求[1]。《18标准》明确接下来我国
将打造以生活圈体系作为城市居住区及其配套公共服务设施规划的准则。《18标准》
将生活圈概念和居住区相结合，明确提出依据居民合理步行范围，将居住区分为
"十五分钟生活圈居住区、十分钟生活圈居住区、五分钟生活圈居住区、居住街坊"
四级的新模式，并在每一级模式中设置相关的配套公共服务设施。（表6-1）

公共服务设施功能及项目 表6-1

居住区分级	功能	项目
十五分钟生活圈居住区 十分钟生活圈居住区	教育设施	初中、小学
	文化与体育设施	体育馆（场）或全民健身中心、大型多功能运动场地、中型多功能运动场地
	医疗卫生设施	卫生服务中心（社区医院）、门诊部
	社会福利设施	养老院、老年养护院、文化活动中心（含青少年、老年活动中心）
	行政办公设施	社区服务中心（街道级）、街道办事处、司法所、派出所
	商业服务业设施	商场、菜市场或生鲜超市、健身房、餐饮设施、银行营业网点、电信营业网点、邮政营业场所

续表

居住区分级	功能	项目
十五分钟生活圈居住区 十分钟生活圈居住区	公用设施与公共交通场站设施	开闭所、燃料供应站、燃气调压站、供热站或热交换站、通信机房、有线电视基站、垃圾转运站、消防站、市政燃气服务网点和应急抢修站、轨道交通站点、公交首末站、公交车站、非机动车停车场（库）、机动车停车场（库）
五分钟生活圈居住区	社区管理与服务设施	社区服务站（含居委会、治安联防站、残疾人康复室）、社区食堂
	文体活动设施	文化活动站（含青少年活动站、老年活动站）、小型多功能运动（球类）场地、室外综合健身场所（含老年人户外运动场地）
	教育设施	幼儿园、托儿所
	社区医疗卫生设施	老年人日间照料中心（托老所）、社区卫生服务站
	其他	社区商业网点（超市、药店、洗衣店、美发店等）、可再生资源回收点、生活垃圾收集站、公共厕所、公交车站、非机动车停车场（库）、机动车停车场（库）
居住街坊	便民服务设施	物业管理与服务、儿童和老年人活动场地、室外健身器械、便利店（菜店、日杂等）、邮件和快递送达设施、生活垃圾收集点、居民非机动车停车场（库）、居民机动车停车场（库）

（资料来源：《城市居住区规划设计标准》GB 50180-2018）

【参考文献】

[1] GB 50180-2018，城市居住区规划设计标准 [S].

6.1.4 设计应适应智能化发展要求，提高生活服务水平，并配置信息网络、安全防范与设备管理等智能化系统。

6.2 交通便利设计

6.2.1 场地交通规划设计应遵循绿色出行、公交优先的原则，并应符合以下规定：

1）应注重慢行系统、绿道与公共服务设施的联通，提高其步行可达性，并提升慢行空间的安全舒适度；

2）场地主要步行出入口与已有或规划的轻轨、地铁站的步行距离不宜大于800m；距公交站点的步行距离不应大于300m。

【应用说明】

步行外出是人们最重要的出行方式之一，提升居住区的步行环境是提高住区环境品质的重要的一环，良好的步行环境是满足建成环境需求的重要基础，对居住区的步行系统中室外环境的有效设计可以提高居住区里人们的舒适感[1]。居住步行系统两侧宜布置适合当地气候的绿植及植被，在美化景观的同时也能给人们带来步行愉悦感，充足行道树布置可以起到夏季遮阳作用，同时步行系统中设置格栅廊道也能起到有效的夏季遮阳作用。步行系统中也可以穿插部分室外休闲场地等作为交往场所，可供老年人等在不同时间段享受阳光，从而可以使人们在冬季的外部空间得到充沛的日照[2]。本条不局限于居住区步行系统的物理环境定性设置，在于设计师的合理适宜的设计，从而提高住区步行的舒适感，室外物理环境设置可参考《绿色建筑评价标准》GB/T 50378-2019 第8.2.6条室外物理环境评分项。

【典型案例】

江苏海门世纪锦城

在江苏海门世纪锦城一期与二期项目中，居住区的步行系统考虑到不同人群的不同环境需求穿插了多个多样性空间，例如步行道路中穿插几个宽敞平坦的绿地、软质场地等，既满足了老年人在冬日里享受充沛阳光的需求，也同时顾及了儿童玩耍时的安全性，步行道路采用软质铺张，步行系统周边设有树木花卉、水景等积极环境因素，在增加住区内部景色的同时改变了居住区内部微气候，怡人的景色也使得该居住区里的人们也更有意愿在该步行系统中活动。[2]

步行环境中穿插多样环境空间位置　　　　　表 6-2

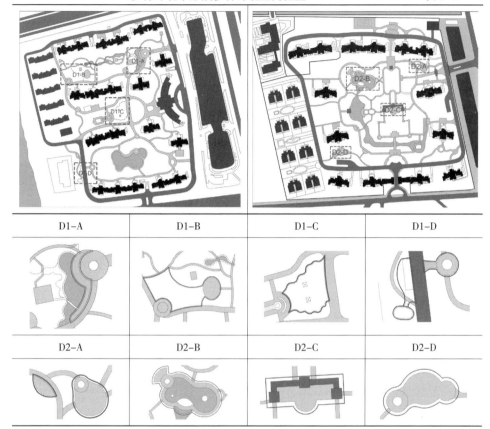

D1-A	D1-B	D1-C	D1-D

D2-A	D2-B	D2-C	D2-D

（资料来源：施剑波，鲍莉.高层住区建成环境对居民活动量的影响初探——以江苏海门世纪锦城为例[J].南方建筑：2020，199（5）：1-13.）

图 6-4　环境场地现状

（资料来源：施剑波，鲍莉.高层住区建成环境对居民活动量的影响初探——以江苏海门世纪锦城为例[J].南方建筑：2020，199（5）：1-13.）

【参考文献】

[1] 申洁，淳涛，牛强，魏伟，彭阳.城市住区建成环境步行性需求评价及差异分析——以武汉市五类住区为例 [J].规划师，2020，36（12）：38-44.

[2] 施剑波，鲍莉.高层住区建成环境对居民活动量的影响初探——以江苏海门世纪锦城为例 [J].南方建筑：2020，199（5）：1-13.

6.2.2 夏热冬冷地区城镇居住建筑场地交通设计应做到步行优先，宜采用人车分行方式，并应限制车速。

6.2.3 应合理优化停车场地，满足以下要求：

1）利用场地边角空地，合理增加机动车停车车位，并应合理配置电动汽车充电桩；

2）应为电动自行车设计充电场地、电源和自动付费系统。

6.3 无障碍设计

6.3.1 建筑设计应考虑视力障碍、听力障碍、肢体障碍等不同残障类型者的使用需求，优化场地无障碍步行系统，建筑、室外场地、公共绿地、城市道路相互之间应设计连贯的无障碍步行系统，满足现行国家标准《无障碍设计规范》GB 50763 的有关规定。

【应用说明】

《无障碍设计规范》GB 50763-2012 在第 3 章对无障碍设施的设计要求进行了详细说明，包括盲道、无障碍出入口、轮椅坡道、公共厕所、无障碍厕所等技术内容。第 7 章针对居住区、居住建筑设计中的道路、居住绿地、配套公共设施和居住建筑的无障碍设计要求进行了详细说明。在进行居住区和住宅设计时，应当根据标准中提出的无障碍设计要求对建筑设计图进行详细校核和优化。

【典型案例】

北京东方太阳城

北京东方太阳城的项目定位为退休老年人量身定做的。（图6-5）因为项目的服务对象主要是行动不便的老年人，因此在无障碍设计方面进行了充分的讨论。如住宅入口设置无障碍坡道，地面采用防滑处理、室内公共区域墙壁预埋扶手、公共区域建筑的阳角抹圆、卧室和卫生间设置防滑扶手、采用感应门而非旋转式钥匙、公共设施采用明亮颜色增强可识别性等。[1]

图6-5　北京东方太阳城

（资料来源：https://baike.sogou.com/historylemma?lId=56471302&cId=149846039）

【参考文献】

[1]　王庆.老年社区设计探讨——东方太阳城老年社区设计 [J].建筑学报，2005（04）：68-72.

6.3.2　宜设置无障碍停车位，并满足现行国家标准《无障碍设计规范》GB 50763 对不同场所无障碍停车的要求。

6.3.3　室内公共区域应满足无障碍设计要求，墙、柱等处的阳角宜为圆角，并设有安全抓杆或扶手。

6.3.4　设置电梯的居住建筑应至少设置 1 处无障碍出入口，通过无障碍通道直达电梯厅；未设置电梯的低层和多层居住建筑，应设置无障碍出入口。

6.4 服务便利设计

6.4.1 建筑设计应考虑场地出入口与商业、文体、卫生等设施及公园绿地等便捷连接，满足生活便利性要求。

6.4.2 建筑设计应充分考虑场地周边便民服务设施可再生资源回收点等设施，减少垃圾清运流线距离。

6.4.3 室外健身场地、交流与活动场地、儿童嬉戏娱乐场地和老年人活动场地应设在日照充足、通风良好的位置，并宜设置有遮阳防雨措施的休息座椅。

6.5 智能化设计

6.5.1 建筑智能化系统工程设计应注重以智能化的科技功能与智能化系统工程的综合技术功效互为对应，实现以科学、务实的技术理念指导工程设计行为，倡导以现代科技持续推进应用导向的主动性，提升建筑智能化系统工程技术的发展前景、拓展智能化系统的应用空间。

6.5.2 建筑宜设置智能化能源计量和能源管理系统、空气质量检测系统、用水远传计量系统和水质在线监测等智能化监测、管理系统。

6.5.3 建筑宜设置智能化服务系统，其中包括：周界报警系统、闭路电视监控系统、楼宇对讲系统、门禁系统、楼宇自控系统（BAS）等。

7 资源节约设计

7.1 一般规定

7.1.1 应结合场地自然条件和建筑功能需求，对建筑的体形、平面布局、空间尺度、围护结构等进行节能设计，且应符合国家有关节能设计的要求。

【应用说明】

本条涉及的建筑节能标准，包括国家现行标准《夏热冬冷地区居住建筑节能设计标准》JGJ 134 和地方法规等。建筑师在设计住宅之前要了解所在区位的日照条件及主导风向，在此基础上确立合理的朝向及通风设计才能够体现住宅建筑的节能效益，确保夏季风可以带走多余的热量，也要尽量避免建筑在冬季少受寒风侵袭，保证室内温度[1]。住宅建筑空间布局中，电梯、管道等位置的布置能够有效降低对住宅主体环境的负面影响，在充分了解建筑内部气流形成和流动关系后再进行合理的平面设计，确保建筑内部有效的自然通风。多个研究表明建筑物的体形系数增加1%时，建筑能耗指标也会增加比例也要达到2.5%，因此尽量降低建筑的体形系数，减少建筑物同室外空气的热交换，从而达到建筑节能的设计理念[2]。

【参考文献】

[1] 朱黎明. 住宅建筑设计中的节能设计探析 [J]. 居舍，2020（03）: 54.

[2] 袁强. 建筑平面体形设计中的节能问题分析 [J]. 智能城市，2016，2（07）: 293-294.

7.1.2 建筑立面造型应简约，装饰构件应结合使用功能一体化设计。

【应用说明】

太阳能建筑一体化的设计思想即将太阳能产品机构件与建筑设计有机结合与应用。建筑是一个完整的统一体，要将太阳能利用技术融入建筑设计中，同时继续保持建筑的文化特征，就应该从技术与美学两方面入手，即"一体化设计"。[1]

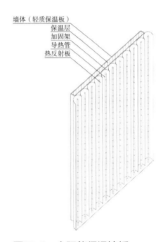

最常见的太阳能利用、遮阳等功能与建筑外构件进行建筑一体化设计的方式有两种，一种是与建筑立面相结合的设计，另一种是与建筑屋面相结合的设计；前者具体到建筑立面部位有墙体、阳台、飘窗下空间等，与墙体的一体化设计一般可作为集热蓄热墙、太阳能集热器保温墙板（图7-1）、墙面附加集热器（图7-2）等，封闭阳台上可做太阳能集热器（图7-3），飘窗下可做太阳能光伏板（图7-4）。后者与屋面结合（图7-5）不影响建筑立面，且具有日照条件好、不易受遮挡、不受朝向影响、太阳能利用率高等优势。

图 7-1　太阳能保温墙板

图 7-2　墙面附加集热器做空调栏板

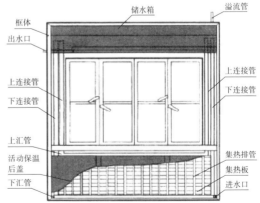

图 7-3　与封闭阳台结合一体的太阳能集热器

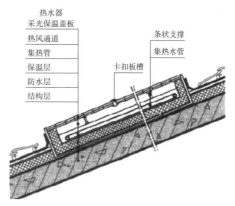

图 7-4　与遮阳构件结合一体的太阳能光伏板　　图 7-5　与建筑坡屋面组成一体的太阳能集热器

（资料来源：徐浩 . 太阳能利用与建筑一体化设计研究 [J]. 中国住宅设施，2011（04）: 27-29.）

【拓展信息】

　　光伏屋顶和光伏幕墙已在德国、瑞典、西班牙等西方发达国家得到大规模推广应用，光伏遮阳也在运行与推广中。如瑞典哥德堡林格霍尔姆的社区中心"齿轮"幕墙和西班牙 MONTEMALAGA 旅馆的光伏遮阳系统。[2]

【参考文献】

[1]　徐浩 . 太阳能利用与建筑一体化设计研究 [J]. 中国住宅设施，2011（04）: 27-29.

[2]　弭瞿 . 光伏构件与建筑遮阳一体化设计研究 [C]. 中国城市科学研究会、广东省住房和城乡建设厅、珠海市人民政府、中美绿色基金、中国城市科学研究会绿色建筑与节能专业委员会、中国城市科学研究会生态城市研究专业委员会 .2018 国际绿色建筑与建筑节能大会论文集 . 中国城市科学研究会、广东省住房和城乡建设厅、珠海市人民政府、中美绿色基金、中国城市科学研究会绿色建筑与节能专业委员会、中国城市科学研究会生态城市研究专业委员会：北京邦蒂会务有限公司，2018：21-26.

　　7.1.3　建筑实施全装修交付，应进行土建与装修一体化设计，装饰装修设计方案应避免破坏和拆除已有的建筑构件及设施，并考虑易于检修、维护、改造的要求。

7.1.4 建筑设计宜遵循模数协调统一的设计原则进行标准化设计。

【应用说明】

模数化、标准化的设计可以提高建造效率，减少建筑材料的浪费，满足绿色可持续发展理念。世界各国均采用100mm为基本模数，用M表示[1]。目前我国相关模数标准大致分为三类：总标准、专业分标准和专门部位标准[2]。模数标准主要有《建筑模数协调标准》GB/T 50002-2013,《建筑门窗洞口尺寸系列》GB/T 5824-2008 等。目前国内多个学者根据我国现行标准，统计整理了部分部件优选尺寸（表7-1、表7-2、表7-3）。《建筑设计资料集》也给出了住宅内一些家具的参考尺寸（表7-4、表7-5、表7-6）。

《建筑模数协调标准》GB/T 50002—2013 建筑部品优选尺寸类型 表 7-1

部品类型	尺寸类别		确定方式	优选尺寸（mm）
外围护部品	承重墙	墙厚	nM，nM+M/2	200、250、300…
	外围护墙			
	门洞口	水平长度、垂直高度	nM	600、700、800…
	窗洞口			
内墙部品	内隔墙	墙厚	M/2，M/5，1 或 1M+M/2（M/5）	90、100、120、150、200…
	承重墙		nM，nM+M/2	200、250、300…
设备部品	管道井墙	墙厚	M/2，M/5，1 或 1M+M/2（M/5）	50、100、150…
结构部品	梁	截面长、宽	nM，nM+M/2	200、250、300…
	柱			300、350、400…
	层高	高度	nM	2900、3000
	室内净高			

《住宅厨房模数协调标准》JGJ/T 262—2012 厨房部品优选尺寸类型 表 7-2

项目	高度（mm）	深度（mm）	宽度（mm）
地柜台面	750、800、850、900（推荐尺寸850）	600	600、900、1200

续表

项目	高度（mm）	深度（mm）	宽度（mm）
地柜	750、800、850、900（推荐尺寸850）	600、650、700（推荐尺寸600）	600、900、1200（推荐尺寸600）
吊柜		300、350、400（推荐尺寸350）	
灶柜	750、800、850、900（推荐尺寸850）		600、750、800、900（推荐尺寸750）
洗涤柜	750、800、850、900（推荐尺寸850）		600、800、900（推荐尺寸600、900）

《住宅卫生间功能及尺寸系列》GB/T 11977—2008 卫生间洁具参考尺寸　表7-3

设备名称	型号	外形平面标志尺寸（长 × 宽）/（mm×mm）
浴盆	小型	1200×1700
	中型	1500×750
	大型	1700×850
大便器	蹲便器	（540 ~ 560）×（280 ~ 470）
	坐便器	（740 ~ 780）×（420 ~ 500）（分体式）（680 ~ 740）×（380 ~ 540）（连体式）
洗衣机	双缸	700×420
	全自动	600×600

起居室主要家具参考尺寸　表7-4

家具类型	外形平面标志尺寸（长 × 宽 × 高）/（mm×mm×mm）
沙发	820×550×320（单人）、1400×860×360（双人）、2300×960×390（三人）
茶几	1200×800×500
电视柜	2400×600×1280

（资料来源：《建筑设计资料集》（第3版），99.）

餐厅主要家具参考尺寸　表7-5

家具类型		外形平面标志尺寸（长 × 宽）/（mm×mm）
餐桌	2 ~ 3人餐桌	800×800
	4 ~ 6人餐桌	800×（1200 ~ 1500）、900×1800

续表

家具类型		外形平面标志尺寸（长 × 宽）/（mm×mm）
餐椅	餐椅	430 × 480、450 × 520、370 × 370
餐具柜	餐具柜	600 × 400

（资料来源：《建筑设计资料集》（第 3 版），100.）

主卧室主要家具参考尺寸   表 7-6

家具类型	外形平面标志尺寸（长 × 宽）/（mm×mm）
双人床	1500 × 2000、1800 × 2000
衣柜	750 × 500、1800 × 620
床头柜	450 × 360、500 × 360
电视柜	2400 × 550

（资料来源：《建筑设计资料集》（第 3 版），101.）

【参考文献】

[1] 李敏，夏海山，李珺杰 . 基于 SI 住宅理论的模数协调方法与应用研究 [J]. 华中建筑，2019，37（05）：47-52.

[2] 王越，林晓东 . 建筑模数化的探索与应用 [J]. 城市建筑，2019，16（36）：136-137.

7.1.5 严禁采用高耗能、污染超标及国家和地方限制使用或淘汰的材料。

7.2 节地与土地利用

7.2.1 建筑设计应遵循节约集约利用土地的原则，对楼栋布局、居住和公共空间进行整体规划设计，提高土地利用率。

7.2.2 建筑设计应合理开发和利用地下空间。

【应用说明】

《绿色建筑评价标准》GB/T 50378-2019 的第 7.2.2 条[1] 给出了地下空间开

发利用指标评分规则，合理开发利用地下空间，评价总分值为 12 分，根据地下空间开发利用指标，按下表的规则评分。（表 7-7）

地下空间开发利用指标评分规则　　　　　　　　　　表 7-7

建筑类型	地下空间开发利用指标		得分
住宅建筑	地下建筑面积与地上建筑面积的比率 R_r 地下一层建筑面积与总用地面积的比率 R_p	$5\% \leqslant R_r < 20\%$	5
		$R_r \geqslant 20\%$	7
		$R_r \geqslant 35\%$ 且 $R_p < 60\%$	12
公共建筑	地下建筑面积与总用地面积之比 R_{p1} 地下一层建筑面积与总用地面积的比率 R_p	$R_{r1} \geqslant 0.5$	5
		$R_{p1} \geqslant 0.7\ R_p < 70\%$	7
		$R_{p1} \geqslant 1.0$ 且 $R_p < 60\%$	12

（资料来源：《绿色建筑评价标准》GB/T 50378-2019）

【参考文献】

[1]　GB/T 50378-2019，绿色建筑评价标准 [S].

7.2.3　配套公共服务设施的建设标准应符合该地区详细规划规定；配套公共服务设施相关项目宜集中设置，宜与周边地区实现资源共享。

【应用说明】

任何城市建设活动，其构成内容包括土地使用、设施配套、建筑建造和行为活动等四方面，其中包括对以下配套设施的控制：生活服务设施布置，市政公用设施、交通设施和管理设施[1]。

随着城镇化进程不断深入和土地资源日益紧张，生活区集中配套公共服务设施的模式，将是未来很长一段时间内解决生活区配套和规划需求的良好方式和选择[2]。

【典型案例】

原国家标准《城市居住区规划设计规范》GB 50180-2002 中将居住规模分为居住区、居住小区和居住组团三个级别，新版《城市居住区规划设计标准》

GB 50180-2018 对居住区的分级模式发生根本性的变化，更强调步行可达。按照居民在合理的步行距离内满足基本生活需求的原则，分为十五分钟生活圈居住区、十分钟生活圈居住区、五分钟生活圈居住区及居住街坊四级[3]。并对不同级别的住区的公共设施配套标准给出了相应的规定。

但各地情况不同，对住区的分级和配套公共服务设施的标准也有不同。以重庆为例，重庆市结合实际调查的结果，依据重庆市自然地形特点所形成的容积率较高、人口分布相对集中的状况，将居住规模分为居住地区、居住区、居住小区三个级别[4]。

根据对典型区域进行的相关人口规模调查，并综合考虑居住社区和居住区人口规模的关系，将居住社区人口规模确定为 7 万～ 12 万人。

居住区人口规模确定为 4 万～ 6 万人。主要参照国家标准《城市居住区规划设计规范》GB 50180-2002 中居住区的规模，并考虑到重庆部分街道办事处人口规模也与之相符，独立成为一级。

居住小区人口规模确定为 1 万～ 2 万人。主要参照国家标准《城市居住区规划设计规范》GB 50180-2002 中居住区的规模，并考虑到重庆部分居委会人口规模也为 1 万～ 2 万人之间而确定的，这一规模通常也是开发单位规模。

重庆市居住区公共服务设施配套标准如下（表 7-8）：

公共服务设施指标（m²/ 千人）

表 7-8

居住规模类别		居住社区		居住区		小区	
		建筑面积	用地面积	建筑面积	用地面积	建筑面积	用地面积
总指标		2171	2748	1722.8	2298	1197	1738
其中	教育	1008	1923	768	1473	513	933
	医疗卫生	228	—	228	—	3	—
	文化	43	—	17	—	17	—
	体育	233	350	150	350	150	350
	商业服务	480	475	480	475	455	455
	社区服务	119	—	72	—	55	—
	邮电	16	—	3	—	—	—

续表

居住规模类别		居住社区		居住区		小区	
		建筑面积	用地面积	建筑面积	用地面积	建筑面积	用地面积
其中	市政公用	9	—	3.8	1.5	3	—
	行政管理	35	—	1	—	1	—

注：①居住地区级指标含居住区和居住小区指标，居住区级指标含小区级指标；

　　②公共服务设施总用地控制指标应符合表的规定。

（资料来源：重庆市居住区公共服务设施配套标准 [S].2005，13）

【参考文献】

[1]　陈友华，赵民，城市规划概论 [M]，上海科学技术文献出版社，2000.

[2]　李军祥，丁曦明 . 居住区集中配套公共服务设施研究 [J]. 城市住宅，2014（09）：108-110.

[3]　GB 50180-2018，城市居住区规划设计标准 [S].

[4]　重庆市规划局 . 重庆市居住区公共服务设施配套标准 [S]，重庆 . 2005.http://www.jianbiaoku.com/webarbs/book/12380/442260.shtml.

7.2.4　宜采用机械式停车设备、地下停车库等停车方式，地下停车库设计宜与地面景观设计相结合。

7.3　节能与能源利用

7.3.1　建筑宜通过优化体型系数、窗墙面积比、空间平面布局和选用隔热性能好的外围护部品等方式，优化居住建筑外围护结构的热工性能。

【应用说明】

　　建筑外围护结构包括墙体、屋面、地面、门窗等与室外空气直接接触的部分，它们的保温和隔热性对建筑节能起着至关重要的作用，是降低建筑能耗的关键。建筑围护结构本身存在着一个和外界环境无关的，仅取决于自身的热性能 [1]。绿色建筑评价标准技术细则（2019 年）的附录 A [2] 中给出了居住建筑围

护结构的传热系数标准。（表7-9）

夏热冬冷地区居住建筑围护结构的传热系数要求   表7-9

性能提高幅度	围护结构部位		夏热冬冷地区	
			体型系数≤0.40	体型系数＞0.40
达到5%	屋面		≤0.76（D*≤2.5） ≤0.95（D＞2.5）	≤0.48（D≤2.5） ≤0.57（D＞2.5）
	外墙		≤0.95（D≤2.5） ≤1.43（D＞2.5）	≤0.76（D≤2.5） ≤0.95（D＞2.5）
	外窗	窗墙面积比≤0.20	≤4.5	≤3.8
		0.20＜窗墙面积比≤0.30	≤3.8	≤3.0
		0.30＜窗墙面积比≤0.40	≤3.0	≤2.7
		0.40＜窗墙面积比≤0.50	≤2.7	≤2.4
		0.50＜窗墙面积比≤0.60	≤2.4	≤2.2
	屋面天窗		无要求	无要求
达到10%	屋面		≤0.72（D≤2.5） ≤0.90（D＞2.5）	≤0.45（D≤2.5） ≤0.54（D＞2.5）
	外墙		≤0.90（D≤2.5） ≤1.40（D＞2.5）	≤0.72（D≤2.5） ≤0.90（D＞2.5）
	外窗	窗墙面积比≤0.20	≤4.2	≤3.6
		0.20＜窗墙面积比≤0.30	≤3.6	≤2.9
		0.30＜窗墙面积比≤0.40	≤2.9	≤2.5
		0.40＜窗墙面积比≤0.50	≤2.5	≤2.3
		0.50＜窗墙面积比≤0.60	≤2.3	≤2.1
	屋面天窗		无要求	无要求
达到15%	屋面		≤0.68（D≤2.5） ≤0.85（D＞2.5）	≤0.43（D≤2.5） ≤0.51（D＞2.5）
	外墙		≤0.85（D≤2.5） ≤1.30（D＞2.5）	≤0.68（D≤2.5） ≤0.85（D＞2.5）
	外窗	窗墙面积比≤0.20	≤4.0	≤3.4
		0.20＜窗墙面积比≤0.30	≤3.4	≤2.7
		0.30＜窗墙面积比≤0.40	≤2.7	≤2.4

续表

性能提高幅度	围护结构部位		夏热冬冷地区	
			体型系数 ≤ 0.40	体型系数 > 0.40
达到 15%	外窗	0.40 <窗墙面积比≤ 0.50	≤ 2.4	≤ 2.1
		0.50 <窗墙面积比≤ 0.60	≤ 2.1	≤ 2.0
	屋面天窗		无要求	无要求

* D 为热惰性指标。

【参考文献】

[1] 徐春桃. 居住建筑外围护结构对室内热环境与建筑能耗的影响 [D]. 重庆大学，2008.

[2] GB/T 50378-2019，绿色建筑评价标准 [S].

7.3.2 应合理设置空调室外机位，有利于通风散热，如设置遮挡装饰百叶时，不应导致排风不畅或进排风短路，宜采用可调节外遮阳。

【应用说明】

关于如何合理布置室外机、优化室外机周围热环境、提高室外机运行的能效比是目前值得深入探讨的课题 [1]。当室外机布置在凹槽结构内时，建议室外机冷凝器距墙的距离 L1 和 L2 至少为 100mm，室外机左侧距墙的距离 L3 至少为 200mm，风扇与百叶的距离 L4 为 100mm 左右，直板型百叶的百叶开度不能大于 20° 且方向为向下，百叶间距至少为 50mm，才能保证室外机的良好散热（见图 7-6）[2]。

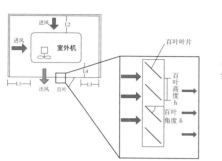

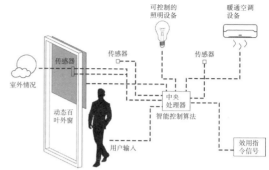

图 7-6　凹槽内室外机安装方式及百叶形式

（资料来源：蒋悦波. 分体式空调室外机周围热
环境研究 [D]. 天津商业大学，2013.）

图 7-7　动态外窗概念图

（资料来源：李峥嵘，陶求华，蒋福建，胡玲周. 建筑外百叶
最佳固定倾角与动态百叶节能潜力 [J]. 西安建筑科技大学学
报（自然科学版），2012，44（06）：767-772.）

【拓展信息】

　　动态百叶的角度应能根据需要随时变化（图 7-7），百叶角度调整的原则是：
冬季非制热时段，房间应能尽可能从外窗吸收热量，夏季非制冷时段，房间应
能尽可能减少外窗的太阳辐射得热；而在制冷、制热时段，应该使得照明、空
调综合能耗最低。[3]

【参考文献】

[1]　冯靖文. 南方地区居住建筑分体空调室外机位的设计研究 [D]. 华南理工大
　　　学，2017.

[2]　蒋悦波. 分体式空调室外机周围热环境研究 [D]. 天津商业大学，2013.

[3]　李峥嵘，陶求华，蒋福建，胡玲周. 建筑外百叶最佳固定倾角与动态百叶节
　　　能潜力 [J]. 西安建筑科技大学学报（自然科学版），2012，44（06）：767-772.

7.3.3　建筑设计应结合当地气候和自然资源条件，为可再生能源的合理利
用提供充分条件。

【应用说明】

随着我国经济的快速增长，能源需求逐年上升，可再生能源的开发利用对我国的能源战略发展至关重要。中国夏热冬冷地区由于其特殊的气候特点，表现为夏季炎热，冬季寒冷，给建筑节能工作带来了极大困难，同时为可再生能源在建筑中的应用提出了新的挑战。主要可利用的可再生能源有太阳能、风能、水能、浅层地热能等[1]。（图7-8）

【典型案例】

适合在夏热冬冷地区应用的可再生能源利用技术[2]。

1. 太阳能跨季蓄热采暖系统

太阳能蓄热采暖系统通常在太阳辐射强度较大的季节将太阳能进行吸收并以热能的方式进行存储，在需要对建筑进行供暖的时候再将其释放以达到减少建筑对常规能源的使用量。在夏热冬冷地区，因夏季太阳辐射强度大，该系统可将其充分利用转化为热能储存，在冬季对该地区进行供暖，是解决夏热冬冷地区冬季采暖问题的突破性方案。（图7-8）

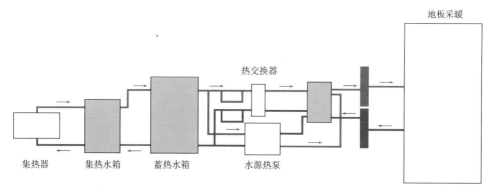

图7-8 跨季节蓄热采暖系统

（资料来源：汤林声. 夏热冬冷地区被动式超低能耗住宅适宜性技术体系评价研究 [D]. 湖南工业大学，2017.）

2. 太阳能吸收式空调制冷系统

空调制冷系统可利用太阳能进行驱动，此种方式因其对可再生能源的充分利用，可充分降低建筑的空调能耗以及减少了通过燃煤进行发电而产生的环境污染问题，该技术是当前空调制冷技术领域主要的研究热点之一。（图7-9）

3. 新风余热回收系统

新风余热回收系统在不削弱新风量以及不减少通风换气次数的基础上，最大限度地将室内空气热（冷）量通过热交换器进行热（冷）回收后排出，将室外空气在经过预处理后使其进入到热交换器进行热量交换，再将其引入到室内，同时对室内进行通风换气、采暖或制冷过程，使得室内热湿环境以及空气品质得到充分保障。（图7-10）

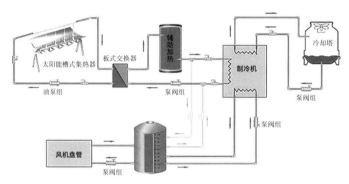

图7-9 太阳能吸收式空调制冷系统

（资料来源：汤林声.夏热冬冷地区被动式超低能耗住宅适宜性技术体系评价研究 [D].
湖南工业大学，2017.）

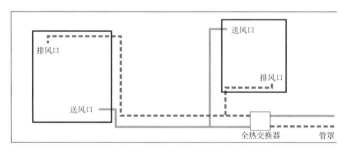

图7-10 新风余热回收系统

（资料来源：汤林声.夏热冬冷地区被动式超低能耗住宅适宜性技术体系评价研究 [D].
湖南工业大学，2017.）

【参考文献】

[1]　纪颖瑶.绿色建筑与节能技术 [D].青岛理工大学，2014.

[2]　汤林声.夏热冬冷地区被动式超低能耗住宅适宜性技术体系评价研究 [D].
湖南工业大学，2017.

7.3.4　建筑设计应充分利用可再生能源，宜采用太阳能热水系统。

7.3.5　建筑设计宜利用导光和地下庭院敞口改善地下空间采光和通风。

7.4　节水与水资源利用

7.4.1　卫生器具和配件应符合国家现行有关标准的节水型生活用水器具的
规定。

7.4.2　绿化灌溉、空调冷却水系统等应采用节水设备或技术。

7.4.3　建筑规划设计应结合雨水综合利用设施设计室外景观，并采取措施
保障景观水质，场地竖向设计应有利于雨水的滞蓄、净化、排放或再利用。

7.4.4　建筑设计中应考虑非传统水源在绿化灌溉等方面的利用。

7.4.5　生活给水管道除埋地敷设外，应安装在室外，水箱间、楼梯间等处
的给水管道应设计外保温。

7.5　节材与绿色建材

7.5.1　建筑在满足使用功能和性能前提下，应控制建筑规模与空间体量。

【应用说明】

起居室与卧室的尺度与利用

主卧室一般是户主的独立空间，对私密性有很高的要求，次卧一般作为儿
童房、老人房或者客房，尺度略小。卧室空间主要考虑床的大小、衣柜的尺度

和床两侧供人活动的空间，主卧室内一般放置双人床，双人床宽度 1.5 ～ 1.8m，加上两侧床头柜或并置的衣柜，进深一般在 2.8 ～ 3.3m 之间，开间为床的长度 2 ～ 2.1m 加上一人侧立一人通过的活动宽度 0.85 ～ 0.9m，一共需要 2.8 ～ 3m 的净开间。使用面积控制在 8 ～ 10m²。次卧室由于在套内的次要地位，一般对室内布置和家具要求低一些，面积一般按照放置单人床设计，单人床尺寸为宽 1 ～ 1.3m，长 2.0m，所以次卧室空间面积一般控制在 5 ～ 8m²。我国《住宅设计规范》中规定双人卧室面积不应小于 9m²，单人卧室不应小于 5m²。

服务阳台是住宅中多用途空间，有储藏、洗晾衣物、休憩等多项功能。现代阳台设计一般考虑设置给排水，结合洗衣设备，实现衣物的现洗现晾，以避免穿越其他功能区的矛盾。《住宅设计规范》中有：每套住宅宜设阳台或平台，在《北京市保障性住房规划与建筑设计导则》中规定了保障性住宅的主阳台和服务阳台的尺寸：主阳台进深为 1.2 ～ 1.8m，长度为 3 ～ 3.9m；服务阳台进深为 1.2 ～ 1.5m，长度为 1.8 ～ 2.1m。此外，还有利用阳台无界限设计来拓展室内空间，通过阳台与起居室的联结等共享空间设计手法来提高住宅的空间舒适度。

在具体设计时，中小住宅可利用空间死角或零碎空间来设置储藏空间，以增大空间的开阔感，面积一般按照 0.5m²/ 人设计。

7.5.2 建筑在保证安全性、适用性与耐久性的情况下，应优化结构设计，降低材料用量。

7.5.3 建筑材料选型应符合以下要求：

1）宜选用可再循环材料、可再利用材料及利废建材；

2）宜选用资源消耗少、可集约化生产的建筑材料和产品；

3）应采用生产、施工、使用和拆除过程中对环境污染程度低的建筑材料；

4）宜合理采用耐久性好、易维护的装饰装修建筑材料；

5）应选用对人体健康有益的材料；

6）应尽可能就地取材；

7）装修时宜选用免拆除部品。

【应用说明】

注重采用新型环保建材。作为现代建筑工程重要物质基础的新型建材，国际上称之为健康建材、绿色建材、环境建材、生态建材。环保型建材及制品主要包括：新型墙体材料、新型防水密封材料、新型保温隔热材料、装饰装修材料和无机非金属新材料等。按照世界卫生组织的建议，健康住宅应能使居住者在身体上、精神上和社会上完全处于良好的状态，应达到的具体指标最重要的一条，就是尽可能不使用有毒、有害的建筑装饰材料，如含高挥发性有机物的涂料；含高甲醛等过敏性化学物质的胶合板、纤维板、胶粘剂；含放射性高的花岗石、大理石、陶瓷面砖、煤矸石砖；含微细石棉纤维的石棉纤维水泥制品等。[1]

【参考文献】

[1] 唐强.基于绿色理念的市政公用基础设施施工技术探讨 [J].砖瓦,2020(07)：185-186+188.

7.5.4 建筑装饰装修宜尽量选用工业化生产的装饰装修部品。

8 环境宜居设计

8.1 一般规定

8.1.1 场地规划应符合当地城乡规划管理的规定、项目所在地区的控制性详细规划或修建性详细规划和建设项目选址意见的要求，且应符合各类生态保护区的控制要求。

8.1.2 绿色居住区建筑设计应充分考虑对场地原始生态的保护，合理进行场地环境生态补偿，营造高质量的景观环境。

8.1.3 场地规划应考虑提高室外物理环境质量。

8.1.4 建筑设计应充分尊重地域文化和生活方式特征。

8.1.5 场地内与周边的公共服务设施和基础设施应进行集约化建设与共享。

8.2 场地生态景观宜居设计

8.2.1 场地生态景观设计应遵循充分保护或修复场地生态环境的原则，合理布局建筑及景观，应符合以下规定：

1）规划和设计中应考虑场地内原有的自然水域、湿地、植被等，保持场地内的生态系统与场地外生态系统的连贯性；

2）宜采取净地表层土回收利用等生态补偿措施；

3）应为排放的固体、液体、气体等污染物设计合理排放路径。

8.2.2 应充分利用场地空间设计绿化用地，并科学配置绿化植物；应充分利用屋顶绿化，宜采取立体绿化设计。

【典型案例】

华府樟园

华府樟园位于上海市普陀区，西临凯旋路，东部和南部紧邻苏州河，红线内总规划面积 39156m²，由 7 幢 12～18 层高层建筑和 1 所小学组成，沿河建筑退苏州河蓝线 40m，规划留有较为集中的绿地。红线内总绿化面积超过 2.5 万 m²，另有红线外沿着苏州河岸约 7000m² 的公共景观绿化面积。绿化面积占比 51%。

华府樟园规划时从植物种类和品种的选择、土壤改良等方面均作了充分的准备。整个居住区景观种植园林植物 92 个科 243 个属 1000 余种（品种），除乡土观赏植物外，还引种多种园艺品种，如春季观花植物有多花玉兰、粉花山碧桃、红千层、铁线莲、百子莲、火炬花等[1]。其中，应用蔷薇科植物就多达近百种。

在植物群落的配置方面，华府樟园摒弃传统的"点景树 + 灌木色块"的种植做法，根据植物的生态习性和观赏特性及花期，设计师通过模拟自然的种植手法，进行乔木、小乔木、花灌木和地被植物的混合种植，并为各种植物留足生长空间，营造错落有致、层次丰富的近自然植物群落。设计师特别注重利用花灌木、观赏草及多年生草本植物打造自然型花境景观（图 8-1）。

一个芳香四溢的花园在千余种绿化景观植物中，从骨架树种到中下层花灌木的选择都特别注重植物的生态效益，特别是芳香保健功能上的考虑。如乔木中精心优选了 50 多棵特大古香樟，成为居住区植物景观中的重要骨架树种，这也是居住区名字中"樟园"的由来。另外还有近 30 棵精品大桂花及多种芳香草本植物的应用。芳香保健植物如菖蒲、薰衣草、香桃木、金叶菀、美国薄荷、胡椒木、香茅等植株散发出来的各种香气或其他挥发性物质如芳香油、萜烯类物质，使居民吸入后达到心情舒畅，清心爽脑的效果，有些具有杀菌灭菌功效，甚至其中某些成分对有些疾病有治疗作用，从而达到保健身心的目的。利用芳香保健植物是营建"健康宜居"小区的主要途径（图 8-2、图 8-3、图 8-4）。

图 8-1　模拟自然植物群落构建的近自然植物
群落配置

图 8-2　色叶类植物"紫叶"加拿大紫荆在群落
中的应用效果

图 8-3　观花植物红千层开花效果

图 8-4　繁花满枝的藤本月季

（资料来源：陈智会，王肖刚，刘坤良 . 上海华府樟园植物景观营造特点及启示 [J]. 园林，2017（08）：38-41.）

【参考文献】

[1]　陈智会，王肖刚，刘坤良 . 上海华府樟园植物景观营造特点及启示 [J]. 园林，
　　　2017（08）：38-41.

8.2.3　宜结合不同场地空间的特点设计低影响开发雨水系统。

8.3　风貌文脉宜居设计

8.3.1　建筑应结合场地周边风貌和景观进行建筑文化整体规划和设计，合
理确定建筑高度、密度、形态、色彩等，延续所在街区的文脉。

8.3.2 应结合地域、气候和风土特征，充分尊重和利用生土建筑、干阑式建筑等各种传统被动式节能减排的建筑形式，传承传统建筑技术和文脉。

8.4 室外物理环境宜居设计

8.4.1 室外环境噪声值应符合现行国家标准《声环境质量标准》GB 3096的要求，应通过规划设计降低场地环境噪声，并应符合下列要求：

1）建筑主体应设置于主要噪声源的上风侧；

2）宜合理布置居住建筑周边景观绿化，改善场地声环境；

【应用说明】

除了将建筑置于适宜的位置外，还可通过设置声屏障、绿化种植以及构筑绿化景观墙来减小噪声的影响：

1. 声屏障

声屏障在国外使用时间较早，在我国早期主要使用在高架桥、快速路、轻轨和铁轨旁，现逐步推广至建筑领域，在靠近主要交通干线侧，设计安装声屏障达到衰减噪声的目的。声屏障主要包括板式屏障、隧道式封闭屏障、地形屏障等，在建筑领域使用较多的是板式屏障。板式屏障通常选用一些自重大、面密度较高的板式材料，经测试使用后噪声衰减可达到10dB（A）以上，效果较明显。

2. 绿化种植

复层绿化对于公共建筑来说不仅对建筑的景观环境美化有益，还有利于建筑场地的风环境优化和声环境优化，适宜的草叶、针叶、阔叶种植比例，可有效地降低交通和场地噪声带来的低频和高频噪音。经过我国科研机构的专家测试，场地边的10m以上宽度的复层绿化种植可衰减噪声6～10dB（A）以上。

3. 绿化景观墙

景观墙是在民用建筑项目入口处或建筑四周设置金属、木艺、混凝土、砖质的墙体。现阶段对此含义进行了延伸，绿化景观墙是将植物种植在建筑物外独立的一面墙体上，通过植物与墙体材料相叠加的方式实现进一步的噪声衰减。由于景观墙体面密度较大，因此降噪效果较好。本文在现有场地声环境研究的基础上，考虑将适宜于建筑场地声环境的降噪措施组合后研究降噪效果，以苏州市某办公建筑为例，分析具体方案和衰减程度。同时提出适应于夏热冬冷地区的场地降噪绿化种植方案，达到优化场地声环境的目的。

3）场地位于交通干线两侧或其他高噪声环境区域时，应在设计中采取相应的隔声降噪措施；

4）可通过设置利于吸收噪声的场地路面及构筑物表皮改善场地声环境。

【应用说明】

场地地面的凹凸情况同样会影响到场地内噪声问题，按照目前我国相关领域专家的研究成果，采用低噪音路面技术可以有效降低轮胎噪音 2 ~ 8dB，因此提高场地内车辆流线地面平滑度对于降低场地内噪声有积极作用。现阶段主要的低噪路面技术包括橡胶沥青路面、多孔性沥青路面、低噪声水泥路面等。

8.4.2　建筑应合理进行场地、道路和建筑及照明设计。

8.4.3　建筑的规划布局应营造良好的风环境，保证舒适的室外活动和室内良好的自然通风条件，并应避免布局不当而引起的风速过高影响人行和室外活动，宜通过对室外风环境的模拟分析调整优化总体布局。

8.4.4　宜采取下列措施改善夏热冬冷地区居住建筑的室外热环境：

1）种植高大乔木为停车场、人行道和广场等提供遮阳；

2）建筑物表面宜为浅色，地面材料的反射率宜为 0.3 ~ 0.5，屋面材料的反射率宜为 0.3 ~ 0.6；

3）采用立体绿化、复层绿化，合理进行植物配置，设置渗水地面，优化水景设计；

4）室外活动场地、道路铺装材料的选择除应满足场地功能要求外，宜选择透水性铺装材料及透水铺装构造。

8.5 环境设施宜居设计

8.5.1 场地及空间应采用适应性设计，包括适幼设计、适老化设计、无障碍设计，应考虑不同年龄居住者的特殊需求。

8.5.2 应对建筑色彩、环境小品色彩、植物色彩、铺装色彩、室外照明色彩等进行统筹设计，设计的色彩搭配应体现人文性。

8.5.3 应规划场地内垃圾分类收集方式及回收利用的场所或设施，垃圾回收区应方便到达且位于场地主导风的下风向。应规划场地内垃圾分类收集方式及回收利用的场所或设施，垃圾回收区应方便到达且位于场地主导风的下风向。

【应用说明】

此条文的设置是在全国推行垃圾分类回收趋势之下设置，其目的为了促进住区垃圾的分类投放和储存，为后续城市生活垃圾的分类搬运和处理创造条件[1]。不同的城市对垃圾分类的管理标准不同。如《上海市生活垃圾分类投放指引》[2]中将生活垃圾分为可回收物、有害垃圾、湿垃圾和干垃圾四类，并在第3.2.2条中对住宅小区和农村居民点设置不同类型垃圾收集容器的要求做了详细说明，垃圾收集容器应当选择住宅小区和农村居民点内较方便位置设置，如：居民出入道路两侧、公共休闲区等。如小区内已建设两网融合回收服务点，可替代可回收物收集容器。在《生活垃圾收集运输技术规程》CJJ 205-2013[3]的第5.2节对城市、镇（乡）村生活垃圾收集点的服务半径、占地面积、与相邻建筑的间隔、绿化隔离带宽度做了详细说明。（表8-1）

生活垃圾收集点主要指标 表 8-1

类型	占地面积（m²）	与相邻建筑间隔（m）	绿化隔离带宽度（m）
垃圾桶（箱）	5 ~ 10	≥ 3	—
固定垃圾池	5 ~ 15	≥ 10	≥ 2
袋装垃圾投放点	5 ~ 10	≥ 5	—

（资料来源：《生活垃圾收集运输技术规程》CJJ205-2013）

【典型案例】

上海市在执行垃圾分类回收的工作中，将垃圾分类设施下放到各居民小区，这给当地居民带来了显著的变化。在一些老旧小区和出租小区，垃圾投放管理不善，垃圾投放点经常臭气熏天，蚊虫很多。在进行垃圾分类投放改造之后，垃圾回收点变成了居民日常生活中聊天和见面的重要场所，人们自觉遵守垃圾投放要求，极大地改善了住区的生活环境。（图 8-5）

图 8-5 生活垃圾定点投放点

（资料来源：https://m.thepaper.cn/newsDetail_forward_3903417；.zhuoconghb.com/h-nd-92.html）

垃圾收集点可分为港湾式垃圾收集点（图 8-6）、封闭式垃圾收集点（图 8-7）和半封闭式垃圾收集点[4]（图 8-8）。

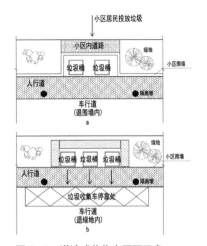

图 8-6　港湾式收集点平面示意

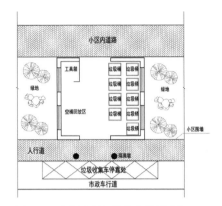

图 8-7　封闭式垃圾收集点平面示意

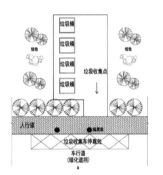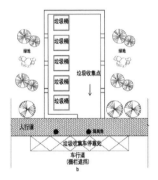

图 8-8　半封闭式收集点平面示意

（资料来源：林泉，宫渤海，王楠楠，生活垃圾收集点的规划与设置 [J]. 环境卫生工程，2015. 23（05）: 53-56.）

【拓展信息】

（1）澳大利亚查尔斯特市（Charles）在 2010 年制定了《居民生活废弃物及可回收物指导方针》规定垃圾收集站选址应充分考虑居民的意见和建议，一般设在宽敞地带，至少 2m 宽，进深 1m，能方便垃圾运输车靠近，便于居民投放，且要远离门窗，及时清运。运行过程中应减少噪声、气味和污水对居民生活的影响。

（2）美国亚利桑那州的首府凤凰城（Phoenix City）制定了《废弃物和可回收物收集标准及指导方针》，要求 2 个垃圾收集容器相隔约 2.13m（7 英尺）；垃圾收集容器与障碍物（如汽车、邮箱、路灯等）相隔至少 4.57m（15 英尺），远离建筑物及建筑物周边的植物至少 0.3m（1 英尺）。

（3）美国加利福尼亚费利蒙市（Fremont）制定了《废弃物处理指南》，规定垃圾收集点的面积不少于 2.5m²，设置三种收集容器（可回收垃圾、有机垃圾、其他垃圾），垃圾房必须四周封闭。

【参考文献】

[1] 张海波，城市生活垃圾社区收运系统评价研究 [D]. 成都：西南交通大学 . 2014.

[2] 上海市绿化和市容管理局，上海市生活垃圾分类投放指引 [2019-11-26]. 2019. http://www.eshian.com/laws/49137.html.

[3] CJJ 205-2013，生活垃圾收集运输技术规程 [S].

[4] 林泉，宫渤海，王楠楠，生活垃圾收集点的规划与设置 [J]. 环境卫生工程，2015. 23（05）：53-56.

附 件

绿色建筑设计说明专篇（格式模版）

一、设计依据

1.《绿色建筑评价标准》GB/T 50378-2019

2.《公共建筑节能设计标准》GB 50189-2015

3.《夏热冬暖地区居住建筑节能设计标准》JGJ 75-2012

4.《声环境质量标准》GB 3096-2008

5.《民用建筑隔声设计规范》GB 50118-2010

6.《民用建筑工程室内环境污染控制规范》GB 50325-2010（2013 年修订版）

7.《室内空气质量标准》GB/T 18883-2002

8.《建筑日照计算参数标准》GBT 50947-2014

9.《建筑采光设计标准》GB 50033-2013

10.《城市居住区规划设计标准》GB 50180-2018

11.《住宅室内防水工程技术规范》JGJ 298-2013

12.《民用建筑热工设计规范》GB 50176-2016

13.《建筑设计防火规范》GB 50016-2014（2018 年版）

14.《建筑抗震设计规范》GB 50011-2010（2016 年版）

15.《建筑结构可靠性设计统一标准》GB 50068-2018

16.《民用建筑节水设计标准》GB 50555-2010

17.《城市污水再生利用 城市杂用水水质标准》GB/T 18920-2002

18.《室外排水设计规范》GB 50014-2006（2016 年版）

19.《室外给水设计规范》GB 50013-2006

20.《建筑给水排水设计规范》GB 50015–2003（2009 年版）

21.《民用建筑供暖通风与空气调节设计规范》GB 50736–2012

22.《智能建筑设计标准》GB/T 50314–2015

23.《民用建筑电气设计规范》JGJ 16–2008

24.《建筑照明设计标准》GB 50034–2013

25.《建筑幕墙》GB 21086–2007

26.《建筑外窗气密、水密、抗风压性能分级及其检测方法》GB 7106–2008

27.《城市居住区热环境设计标准》JGJ 286–2013

28.《安全标志及其使用导则》GB 2894–2008

29.国家、省、市现行的相关法律、法规、规范性文件

二、工程概况

1.项目名称：

2.建设地点：

3.项目建设用地面积：_____ m²。项目总建筑面积：_____ m²，其中地上：_____ m²，地下：_____ m²；建筑层数：_____ 层；建筑高度：_____ m。

4.主要建筑功能：□住宅建筑　　□公共建筑　　□综合性单体建筑

三、绿色建筑设计技术措施汇总

一、建筑专业

4.1.1　场地应避开滑坡、泥石流等地质危险地段，易发生洪涝地区应有可靠的防洪涝基础设施；场地应无危险化学品、易燃易爆危险源的威胁，应无电磁辐射、含氡土壤的危害。

技术措施说明：

证明材料：□项目区位图　□场地地形图　□工程地质勘察报告　□环评报告或建设项目环境影响登记表　　□土壤含氡量检测报告

4.1.2 建筑结构应满足承载力和建筑使用功能要求。建筑外墙、屋面、门窗、幕墙及外保温等围护结构应满足安全、耐久和防护的要求。

技术措施说明：

证明材料：□设计图纸（明确建施图号）

4.1.3 外遮阳、太阳能设施、空调室外机位、外墙花池等外部设施应与建筑主体结构统一设计、施工，并应具备安装、检修与维护条件。

技术措施说明：

证明材料：□设计说明　□设计图纸（明确建施图号）

4.1.5 建筑外门窗必须安装牢固，其抗风压性能和水密性能应符合国家现行有关标准的规定。

技术措施说明：

证明材料：□设计说明

4.1.6 卫生间、浴室的地面应设置防水层，墙面、顶棚应设置防潮层。

技术措施说明：

证明材料：□建筑材料做法表

4.1.7 走廊、疏散通道等通行空间应满足紧急疏散、应急救护等要求，且应保持畅通。

技术措施说明：

证明材料：□设计图纸（明确建施图号）

4.1.8 应具有安全防护的警示和引导标识系统。

技术措施说明：

证明材料：□标识系统设计说明

5.1.1 室内空气中的氨、甲醛、苯、总挥发性有机物、氡等污染物浓度应符合现行国家标准《室内空气质量标准》GB/T 18883 的有关规定。建筑室内和建筑主出入口处应禁止吸烟，并应在醒目位置设置禁烟标志。

技术措施说明：

证明材料：□设计说明

5.1.4 主要功能房间的室内噪声级和隔声性能应符合下列规定：

1. 室内噪声级应满足现行国家标准《民用建筑隔声设计规范》GB 50118 中的低限要求。

2. 外墙、隔墙、楼板和门窗的隔声性能应满足现行国家标准《民用建筑隔声设计规范》GB 50118 中的低限要求。

技术措施说明：

证明材料：□室外噪声分析报告书　□建筑室内噪声级报告书　□建筑构件隔声设计报告书　□设计图纸（明确建施图号）

5.1.7 围护结构热工性能应符合下列规定：屋顶和外墙隔热性能应满足现行国家标准《民用建筑热工设计规范》GB 50176 的要求。

技术措施说明：

证明材料：□建筑材料做法表　□建筑围护结构隔热性能计算书　□节能计算书

6.1.1 建筑、室外场地、公共绿地、城市道路相互之间应设置连贯的无障碍步行系统。

技术措施说明：

证明材料：

6.1.2 场地人行出入口 500m 内应设有公共交通站点或配备联系公共交通站点的专用接驳车。

技术措施说明：

证明材料：□总平面图 □场地周边公共交通设施布局示意图

6.1.3 停车场应具有电动汽车充电设施或具备充电设施的安装条件，并应合理设置电动汽车和无障碍汽车停车位。

技术措施说明：

证明材料：□总平面图 □设计图纸（明确建施图号）

6.1.4 自行车停车场所应位置合理、方便出入。

技术措施说明：

证明材料：□总平面图 □设计图纸（明确建施图号）

7.1.1 应结合场地自然条件和建筑功能需求，对建筑的体形、平面布局、空间尺度、围护结构等进行节能设计，且应符合国家有关节能设计的要求。

技术措施说明：

证明材料：□总平面图 □鸟瞰图 □单体效果图 □建筑日照模拟计算报告 □设计说明 □设计图纸（明确建施图号）□节能计算书

7.1.9 建筑造型要素应简约，应无大量装饰性构件，并应符合下列规定：

1. 住宅建筑的装饰性构件造价占建筑总造价的比例不应大于 2%；

2. 公共建筑的装饰性构件造价占建筑总造价的比例不应大于 1%。

技术措施说明：

证明材料：□单体效果图 □设计图纸（明确建施图号）

8.1.1 建筑规划布局应满足日照标准，且不得降低周边建筑的日照标准。

技术措施说明：

证明材料：□总平面图　□日照计算分析报告

8.1.2 室外热环境应满足国家现行有关标准的要求。

技术措施说明：

证明材料：□总平面图　□场地热环境计算报告　□设计图纸（明确建施图号）

8.1.3 配建的绿地应符合所在地城乡规划的要求，应合理选择绿化方式，植物种植应适应当地气候和土壤，且应无毒害、易维护，种植区域覆土深度和排水能力应满足植物生长需求，并应采用复层绿化方式。

技术措施说明：

证明材料：□设计图纸

8.1.5 建筑内外均应设置便于识别和使用的标识系统。

技术措施说明：

证明材料：□标识系统设计说明

8.1.6 场地内不应有排放超标的污染源。

技术措施说明：

证明材料：□设计说明　□设计图纸（明确建施图号）

8.1.7 生活垃圾应分类收集，垃圾容器和收集点的设置应合理并应与周围景观协调。

技术措施说明：

证明材料：□总平面图　□垃圾收集设施布置图

二、结构专业

4.1.2 建筑结构应满足承载力和建筑使用功能要求。建筑外墙、屋面、门窗、幕墙及外保温等围护结构应满足安全、耐久和防护的要求。

技术措施说明：

证明材料：□设计说明　□结构计算书

4.1.3 外遮阳、太阳能设施、空调室外机位、外墙花池等外部设施应与建筑主体结构统一设计、施工，并应具备安装、检修与维护条件。

技术措施说明：

证明材料：□设计说明　□结构计算书　□设计图纸（明确结施图号）

4.1.4 建筑内部的非结构构件、设备及附属设施等应连接牢固并能适应主体结构变形。

技术措施说明：

证明材料：□设计说明　□结构计算书　□设计图纸（明确结施图号）

7.1.8 不应采用建筑形体和布置严重不规则的建筑结构。

技术措施说明：

证明材料：□设计说明　□设计图纸（明确结施图号）

7.1.10 选用的建筑材料应符合下列规定：现浇混凝土应采用预拌混凝土，建筑砂浆应采用预拌砂浆。

技术措施说明：

证明材料：□设计说明　□设计图纸（明确结施图号）

三、给排水专业

4.1.4 建筑内部的非结构构件、设备及附属设施等应连接牢固并能适应主体结构变形。

技术措施说明：

证明材料：□设计说明　□设计图纸（明确水施图号）

5.1.3 给水排水系统的设置应符合下列规定：

1. 生活饮用水水质应满足现行国家标准《生活饮用水卫生标准》GB 5749 的要求；

2. 应制定水池、水箱等储水设施定期清洗消毒计划并实施，且生活饮用水储水设施每半年清洗消毒不应少于 1 次；

3. 应使用构造内自带水封的便器，且其水封深度不应小于 50mm；

4. 非传统水源管道和设备应设置明确、清晰的永久性标识。

技术措施说明：

证明材料：□设计说明

7.1.7 应制定水资源利用方案，统筹利用各种水资源，并应符合下列规定：

1. 应按使用用途、付费或管理单元，分别设置用水计量装置；

2. 用水点处水压大于 0.2MPa 的配水支管应设置减压设施，并应满足给水配件最低工作压力的要求；

3. 用水器具和设备应满足节水产品的要求。

技术措施说明：

证明材料：□设计说明　□卫生洁具选型表　□设计图纸（明确水施图号）

8.1.4 场地的竖向设计应有利于雨水的收集或排放，应有效组织雨水的下渗、滞蓄或再利用；对大于 $10hm^2$ 的场地应进行雨水控制利用专项设计。

技术措施说明：

证明材料：□场地竖向设计文件　□年径流总量控制率计算书　□设计控制雨量计算书

8.1.6　场地内不应有排放超标的污染源。

技术措施说明：

证明材料：□环评报告或建设项目环境影响登记表　□设计说明

四、电气专业

4.1.4　建筑内部的非结构构件、设备及附属设施等应连接牢固并能适应主体结构变形。

技术措施说明：

证明材料：□设计说明　　□设计图纸（明确电施图号）

5.1.5　建筑照明应符合下列规定：

1. 照明数量和质量应符合现行国家标准《建筑照明设计标准》GB 50034 的规定；

2. 人员长期停留的场所应采用符合现行国家标准《灯和灯系统的光生物安全性》GB/T 20145 规定的无危险类照明产品；

3. 选用 LED 照明产品的光输出波形的波动深度应满足现行国家标准《LED 室内照明应用技术要求》GB/T 31831 的规定。

技术措施说明：

证明材料：□设计说明　□灯具与光源选型表　　□设计图纸（明确电施图号）□照明计算书

6.1.3　停车场应具有电动汽车充电设施或具备充电设施的安装条件，并应合理设置电动汽车和无障碍汽车停车位。

技术措施说明：

证明材料：□设计图纸（明确电施图号）

6.1.5　建筑设备管理系统应具有自动监控管理功能。

技术措施说明：

证明材料：□智能化设计图纸

6.1.6　建筑应设置信息网络系统。

技术措施说明：

证明材料：□智能化设计图纸

7.1.4　主要功能房间的照明功率密度值不应高于现行国家标准《建筑照明设计标准》GB 50034 规定的现行值；公共区域的照明系统应采用分区、定时、感应等节能控制；采光区域的照明控制应独立于其他区域的照明控制。

技术措施说明：

证明材料：□设计说明　□设计图纸（明确电施图号）　□照明计算书

7.1.5　冷热源、输配系统和照明等各部分能耗应进行独立分项计量。

技术措施说明：

证明材料：□设计说明　□设计图纸（明确电施图号）

7.1.6　垂直电梯应采取群控、变频调速或能量反馈等节能措施；自动扶梯应采用变频感应启动等节能控制措施。

技术措施说明：

证明材料：□设计说明

五、暖通专业

4.1.4 建筑内部的非结构构件、设备及附属设施等应连接牢固并能适应主体结构变形。

技术措施说明：

证明材料：□设计说明　□设计图纸（明确暖施图号）

5.1.2 应采取措施避免厨房、餐厅、打印复印室、卫生间、地下车库等区域的空气和污染物串通到其他空间；应防止厨房、卫生间的排气倒灌。

技术措施说明：

证明材料：□设计说明　□设计图纸　□气流组织模拟分析报告

5.1.6 应采取措施保障室内热环境。采用集中供暖空调系统的建筑，房间内的温度、湿度、新风量等设计参数应符合现行国家标准《民用建筑供暖通风与空气调节设计规范》GB 50736 的有关规定；采用非集中供暖空调系统的建筑，应具有保障室内热环境的措施或预留条件。

技术措施说明：

证明材料：□设计说明　□设计图纸（明确暖施图号）　□暖通设计计算书

5.1.8 主要功能房间应具有现场独立控制的热环境调节装置。

技术措施说明：

证明材料：□设计说明　□设计图纸（明确暖施图号）

5.1.9 地下车库应设置与排风设备联动的一氧化碳浓度监测。

技术措施说明：

证明材料：□设计说明　□设计图纸（明确暖施图号）　□智能化设计图纸

7.1.2 应采取措施降低部分负荷、部分空间使用下的供暖、空调系统能耗，并应符合下列规定：

1. 应区分房间的朝向细分供暖、空调区域，并应对系统进行分区控制；

2. 空调冷源的部分负荷性能系数（IPLV）、电冷源综合制冷性能系数（SCOP）应符合现行国家标准《公共建筑节能设计标准》GB 50189 的规定。

技术措施说明：

证明材料：□设计说明　　□设计图纸（明确暖施图号）□分区控制策略书　□IPLV、SCOP 计算书

7.1.3 应根据建筑空间功能设置分区温度，合理降低室内过渡区空间的温度设定标准。

技术措施说明：

证明材料：□设计说明　　□设计图纸（明确暖施图号）

8.1.6 场地内不应有排放超标的污染源。

技术措施说明：

证明材料：□环评报告或建设项目环境影响登记表　　□设计说明

设计承诺

　　我单位承诺绿色建筑设计专项审查所提交的设计图纸、指标计算书、模拟分析报告及检测报告等证明文件真实、准确。如有不实之处，愿意承担相应的责任。（加盖公章）

专篇应简要描述本项目采用的绿色建筑设计措施，各项措施的说明应满足以下深度要求：

1. 按照绿色建筑评价标准的要求，本专项说明内的条文均为控制项，绿色建筑等级为基本级。

2. 应简要叙述设计中的绿色建筑设计方案和技术措施，包括但不限于设计方案描述、关键参数说明和设计效果表达，不得照抄、照搬条文原文或条文解释；

3. 应注明施工图图纸编号及具体条文号，并应提供相应证明材料（分析报告、计算书等）并在方框内打勾；

4. 鼓励建设单位在报送施工图审查材料时，提交景观、装修、智能化、可再生能源利用等专项设计文件（或依照当地建设行政主管部门要求执行），以便加强绿色建筑技术审查的完整性。若设计图纸暂不能提供（如景观、装修、二次专业设计），需在证明材料中注明，后期专业设计应按照本专篇填写内容落实。

5. 当建筑群参与绿色建筑评价时，所有建筑绿色技术相同时，可不分单体建筑出具说明专篇。

6. 根据《中国土壤氡概况》的相关划分，对于整体处于土壤氡含量低背景、中背景区域，且工程场地所在地点不存在地质断裂构造的项目，可不提供土壤氡检测报告。

（模版引自《海南省绿色建筑设计说明专篇（2019年版）》，根据《绿色建筑评价标准》GB/T 50378-2019相关条文要求，按照建筑、结构、给排水、电气、暖通专业分类汇总了技术措施，说明简单，证明材料与各专业图纸尺对应，减少设计人员的工作量，方便操作）

参考文献

[1] 隋红红，推动我国绿色建筑发展的政策法规研究 [D]，北京交通大学，2012.

[2] 施骞，柴永斌．推动我国绿色建筑发展的政策与措施分析 [J]．建筑施工，2006（03）：200-202.

[3] 董宝军．对既有居住建筑节能改造相关标准执行情况的几点思考 [J]．大众标准化，2016（03）：14-17.

[4] 重庆市人民政府办公厅，重庆市绿色建筑行动实施方案（2013-2020 年）．2013：重庆．

[5] 胡友陪，陈晓云．绿色建筑建造初探 [J]．建筑学报，2010（11）：96-100.

[6] 宋春华．品质人居的绿色支撑 [J]．建筑学报，2007（12）：1-3.

[7] 陈晓婕．基于全寿命周期的既有居住建筑绿色化改造成本效益探析 [J]．住宅与房地产，2019（36）：21.

[8] 徐浩军．绿色居住建筑全寿命周期成本的实例研究 [J]．信息系统工程，2012（08）：110-111+121.

[9] 王竹，王玲．绿色建筑体系的导衡机制 [J]．建筑学报，2001（05）：58-59+68.

[10] 唐悦兴，王锦辉．社区室外标识系统适老化设计分析 [J]．建筑与文化，2019（10）：37-38.

[11] 高辉，何泉．太阳能利用与建筑的一体化设计 [J]．华中建筑，2004（01）：70-72+79.

[12] 李妞．太阳能光伏技术在建筑中的应用与设计 [J]．节能，2019，38（12）：1-3.

[13] 李海霞，郑志．阳光、技术与美学——兼谈光伏技术在建筑中的应用 [J]．华中建筑，2005（05）：75-78+125.

[14] 林姚宇，丁川，吴昌广，等．城市高密度住区居民应急疏散行为研究 [J]．规划

师，2013，29（7）：105–109.

[15] 张鹏，矫恒涛，李兵营.关于居住小区"人车分流"道路系统的规划探讨——以山东科技大学教职工公寓区规划为例 [J].青岛理工大学学报，2005（06）：60–63.

[16] 刘思祺，万鑫文，王颖.探讨居住小区"人车分流"组织模式的必要性 [J].城市建筑，2019，16（13）：149–151.

[17] 刘丽萍.上海经济适用房居住小区绿化设计与种植管理 [J].中国园艺文摘，2011，27（10）：88–89.

[18] 谭瑛，张振.我国夏热冬冷地区的城市绿地设计初探 [J].建筑与文化，2012（12）：98–99.

[19] 查勇星，胡青青.浅议居住区中的有毒植物 [J].华东森林经理，2011，25（01）：50–53.

[20] 刘建政.住宅高层建筑结构抗震的优化设计 [J].建筑设计管理，2012，29（02）：56–57.

[21] 和田章，李大寅，吴东航.日本建筑的抗震结构与免震、制震结构 [J].环境保护，2008（11）：92–94.

[22] 万忠伦.成都驿园高层住宅结构抗震设计 [J].铁道建筑，2008（12）：107–109.

[23] 万忠伦.成都驿园高层住宅结构抗震设计 [J].铁道建筑，2008（12）：107–109.

[24] 王勇生.建筑地基基础型式比选方法及应用 [J].科技风，2011（16）：209.

[25] 中国建筑科学研究院有限公司.绿色建筑室内污染物浓度预评估分析报告 [DB/OL]. https://max.book118.com/html/2020/0421/7151124054002131.shtm

[26] 吴子敬.全年动态建筑采光与能耗模拟方法研究 [D].沈阳建筑大学，2016.

[27] Ayca Kirimtat, Basak Kundakci Koyunbaba, Ioannis Chatzikonstantinou, Sevil Sariyildiz. Review of simulationg modeling for shading device in building.Renewable and Sustainable Energy Reviews 53（2016）23–49.

[28] 崔新明，廖春波.外遮阳系统在夏热冬冷地区住宅建筑中的应用 [J].住宅科技，2006（04）：42–46.

[29] 刘涟涟，杨怡.德国生态新区的绿色交通规划——以慕尼黑里姆会展新城住区为例 [J].西部人居环境学刊，2018，33（02）：45-51.

[30] 施剑波，鲍莉.高层住区建成环境对居民活动量的影响初探——以江苏海门世纪锦城为例 [J].南方建筑：2020，199（5）：1-13.

[31] 申洁，淳涛，牛强，魏伟，彭阳.城市住区建成环境步行性需求评价及差异分析——以武汉市五类住区为例 [J].规划师，2020，36（12）：38-44.

[32] 鲁斐栋，谭少华.城市住区适宜步行的物质空间形态要素研究——基于重庆市南岸区 16 个住区的实证 [J].规划师，2019，35（07）：69-76.

[33] 刘晓倩.住区道路交往空间及其环境设计 [J].住宅与房地产，2017（23）：96-97.

[34] 董世永，龙晨吟.基于模糊综合评价的住区可步行性测度方法及发展策略研究——以重庆典型住区为例 [J].西部人居环境学刊，2015，30（01）：106-112.

[35] 张洪波，徐苏宁.从健康城市看我国城市步行环境营建 [J].华中建筑，2009，27（02）：149-152.

[36] 王庆.老年社区设计探讨——东方太阳城老年社区设计 [J].建筑学报，2005（04）：68-72.

[37] 朱黎明.住宅建筑设计中的节能设计探析 [J].居舍，2020（03）：54.

[38] 袁强.建筑平面体形设计中的节能问题分析 [J].智能城市，2016，2（07）：293-294.

[39] 李良，杨文斌，韩春凤.民用建筑最佳节能体型的研究 [J].工业建筑，2000（08）：21-22.

[40] 张龙巍，黄勇.数字技术下的建筑形体环境适应性拓扑优化 [J].城市建筑，2017（04）：30-33.

[41] 徐浩.太阳能利用与建筑一体化设计研究 [J].中国住宅设施，2011（04）：27-29.

[42] 弭嵩.光伏构件与建筑遮阳一体化设计研究 [C].中国城市科学研究会、广东省住房和城乡建设厅、珠海市人民政府、中美绿色基金、中国城市科学研究会绿色建筑与节能专业委员会、中国城市科学研究会生态城市研究专业委员会.2018 国际绿色建筑与建筑节能大会论文集.中国城市科学研究会、广东省

住房和城乡建设厅、珠海市人民政府、中美绿色基金、中国城市科学研究会绿色建筑与节能专业委员会、中国城市科学研究会生态城市研究专业委员会：北京邦蒂会务有限公司，2018：21-26.

[43] 杨维菊.美国太阳能热利用考察及思考[J].世界建筑，2003（08）：83-85.

[44] 颜丰，范悦，陈滨.多层住宅的太阳能技术一体化设计探讨[J].建筑学报，2008（03）：26-29.

[45] 颜丰，范悦，陈滨.多层住宅的太阳能技术一体化设计探讨[J].建筑学报，2008（03）：26-29.

[46] 李敏，夏海山，李珺杰.基于SI住宅理论的模数协调方法与应用研究[J].华中建筑，2019，37（05）：47-52.

[47] 开彦.模数协调原则及模数网格的应用[J].住宅产业，2010（9）：36-38.

[48] 李军祥，丁曦明.居住区集中配套公共服务设施研究[J].城市住宅，2014（09）：108-110.徐春桃.居住建筑外围护结构对室内热环境与建筑能耗的影响[D].重庆大学，2008.

[49] 冯靖文.南方地区居住建筑分体空调室外机位的设计研究[D].华南理工大学，2017.

[50] 蒋悦波.分体式空调室外机周围热环境研究[D].天津商业大学，2013.

[51] 李峥嵘，陶求华，蒋福建，胡玲周.建筑外百叶最佳固定倾角与动态百叶节能潜力[J].西安建筑科技大学学报（自然科学版），2012，44（06）：767-772.

[52] 纪颖瑶.绿色建筑与节能技术[D].青岛理工大学，2014.

[53] 汤林声.夏热冬冷地区被动式超低能耗住宅适宜性技术体系评价研究[D].湖南工业大学，2017.

[54] 王锦汇.中小住宅空间体量利用效率量化分析与数值分析系统[D].新疆大学，2016.

[55] 唐强.基于绿色理念的市政公用基础设施施工技术探讨[J].砖瓦，2020（07）：185-186+188.

[56] 陈智会，王肖刚，刘坤良.上海华府樟园植物景观营造特点及启示[J].园林，

2017（08）：38-41.

[57] 马思聪，李振全，惠善康，王雅钰 . 夏热冬冷地区公共建筑场地声环境优化策略研究 [J]. 建筑节能，2019，47（12）：52-56+96.

[58] 张海波，城市生活垃圾社区收运系统评价研究 [D]. 成都：西南交通大学 . 2014.

[59] 林泉，宫渤海，王楠楠，生活垃圾收集点的规划与设置 [J]. 环境卫生工程，2015. 23（05）：53-56.

[60] 中国建筑学会 . 建筑设计资料集 3 版 [M]. 北京：中国建筑工业出版社，2017.

[61] 陈友华，赵民，《城市规划概论》[M]，上海科学技术文献出版社，2000.

[62] JGJ 134-2010，夏热冬冷地区居住建筑节能设计标准 [S].

[63] GB 50176-2016，民用建筑热工设计规范 [S].

[64] GB/T 50378-2019，绿色建筑评价标准 [S].

[65] 中华人民共和国住房和城乡建设部 . 夏热冬冷地区既有居住建筑节能改造技术导则（试行）[2012-12-05]. http://www.mohurd.gov.cn/wjfb/201301/t20130105_212453.html.

[66] 中华人民共和国财政部 . 夏热冬冷地区既有居住建筑节能改造补助资金管理暂行办法 [2012-04-09]. http://www.gov.cn/zwgk/2012-04/28/content_2125413.htm.

[67] DGJ 08-2139-2018，住宅建筑绿色设计标准 [S].

[68] DGJ32/J 173-2014，江苏省绿色建筑设计标准 [S].

[69] JGJ/T 229-2010，民用建筑绿色设计规范 [S].

[70] GB 50096-2011，住宅设计规范 [S].

[71] 中华人民共和国建设部 . 绿色建筑评价技术细则（试行）[2007-08-27]. http://www.mohurd.gov.cn/wjfb/200711/t20071115_158570.html.

[72] GB 9175-88，环境电磁波卫生标准 [S].

[73] GB 50325-2020，民用建筑工程室内环境污染控制标准 [S].

[74] GB 15763.1-2009，建筑用安全玻璃 [S].

[75] JGJ/T 331-2014，建筑地面工程防滑技术规程 [S].

[76] T/ASC02-2016，健康建筑评价标准 [S].

[77]　GB 50011–2010，建筑抗震设计规范 [S].

[78]　GB 50068–2018，建筑结构可靠性设计统一标准 [S].

[79]　JGJ/T 251–2011，建筑钢结构防腐蚀技术规程 [S].

[80]　GB/T 4171–2008，耐候结构钢 [S].

[81]　GB/T 18883，室内空气质量标准 [S].

[82]　JGJ/T 436，住宅建筑室内装修污染控制技术标准 [S].

[83]　JGJ/T 461，公共建筑室内空气质量控制设计标准 [S].

[84]　T/CECS 462–2017，健康住宅评价标准 [S].

[85]　GB 50180–2018，城市居住区规划设计标准 [S].

[86]　GB 50002–2013，中国建筑设计研究院 . 建筑模数协调标准 [S].

[87]　GB/T 11228–2008，住宅厨房及相关设备基本参数 [S].

[88]　GB/T 11977–2008，住宅卫生间功能及尺寸系列 [S].

[89]　JGJ/T 262–2012，住宅厨房模数协调标准 [S].

[90]　JGJ/T 263–201，住宅卫生间模数协调标准 [S].

[91]　GB 5824–200，建筑门窗洞口尺寸系列 [S].

[92]　GB/T 30591–2014，建筑门窗洞口尺寸协调要求 [S].

[93]　JGT–267–2010，建筑陶瓷砖模数 [S].

[94]　重庆市规划局 . 重庆市居住区公共服务设施配套标准 [S]，重庆 . 2005.http://
www.jianbiaoku.com/webarbs/book/12380/442260.shtml.

[95]　上海市绿化和市容管理局，上海市生活垃圾分类投放指引 [2019–11–26]. 2019.
http://www.eshian.com/laws/49137.html.

[96]　CJJ 205–2013，生活垃圾收集运输技术规程 [S].

致　谢

本导则是"十三五"国家重点研发计划（目标和效果导向的绿色建筑设计新方法及工具，2016YFC0700200）的研究成果。《导则》写作得到了多方的帮助和支持，在此一并表示感谢。

感谢"十三五"国家重点研发计划（2016YFC0700200）、国家自然科学基金（51778438）对本研究的支持。

感谢建筑学会标准委员会在标准和导则的立项过程中给予的指导和支持。

感谢中国建筑工业出版社滕云飞编辑在《导则》出版过程中付出的辛勤劳动和无私的帮助。

感谢重庆大学龙灏、陈朝辉、张海滨，华中科技大学陈宏，西北工业大学刘煜、王晋，上海建筑科学研究院有限公司杨建荣、季亮，西南交通大学张樱子，同济大学建筑研究院（集团）有限公司汪铮，合肥工业大学王旭，上海市建设工程监理咨询有限公司席时葭等多位教授在标准编制过程中的辛勤付出，以及对本导则编制的支持。

感谢张迪新、肖求波、何方、加晨琛、王威然、陆铸威、张宇浩几位研究生在资料收集、条文写作过程中所做的辛勤工作。

2021 年夏　同济大学